伏牛山国家级自然保护区
（嵩县段）
重点保护野生植物

陈　云　付前进　袁志良　主编

河南科学技术出版社
·郑州·

图书在版编目（CIP）数据

伏牛山国家级自然保护区（嵩县段）重点保护野生植物 / 陈云，付前进，袁志良主编 .-- 郑州 : 河南科学技术出版社，2024.6

ISBN 978-7-5725-1522-4

Ⅰ. ①伏… Ⅱ. ①陈… ②付… ③袁… Ⅲ. ①山—自然保护区—野生植物—植物保护—河南 Ⅳ. ① Q948.52

中国国家版本馆 CIP 数据核字 (2024) 第 098661 号

出版发行：河南科学技术出版社

地址：郑州市郑东新区祥盛街27号　邮编：450016

电话：（0371）65737028　65788613

网址：www.hnstp.cn

邮箱：hnstpnys@126.com

策划编辑：杨秀芳

责任编辑：申卫娟

责任校对：耿宝文

整体设计：张　伟

责任印制：徐海东

印　　刷：河南瑞之光印刷股份有限公司

经　　销：全国新华书店

开　　本：720mm × 1 020 mm　1/16　印张：15.25　字数：300千字

版　　次：2024年6月第1版　2024年6月第1次印刷

定　　价：228.00元

《伏牛山国家级自然保护区（嵩县段）重点保护野生植物》
编辑委员会

主编简介

陈云 河南农业大学副教授，硕士生导师，中国科学院植物研究所植被与环境变化国家重点实验室博士后，丹麦 Aarhus University 联合培养博士。现任河南农业大学植物学系副主任，河南农业大学青年英才，河南省林业科技青年拔尖人才，河南省教学标兵，河南省生态学会执行秘书长 / 常务理事。主要从事生物多样性保护及生态学相关研究。

付前进 国有嵩县五马寺林场高级工程师，1997 年毕业于河南农业大学林学系林学专业，本科学历，农学学士。主要从事林草资源培育、林草资源保护、林草资源调查、林草项目规划设计、林草工程项目施工与管理、林下经济发展等工作。主持完成林草项目规划设计 9 项、可行性研究报告 2 项、森林经营方案编制 2 项，主持完成林草专项调查项目 1 项，主持实施林草工程项目 13 项，参与完成林草项目课题研究 8 项，发表论文 6 篇，参与编写专著 2 部，主持完成林下中药材九节菖蒲仿野生栽培 1400 亩。

袁志良 河南农业大学教授，博士生导师，中国科学院植物研究所植被与环境变化国家重点实验室博士后。现任河南农业大学植物学系主任、党支部书记。河南省教育厅学术技术带头人，河南省高等学校青年骨干教师，河南省林业科技创新领军人才，河南省首席科普专家，河南省外来入侵物种防控专家委员会成员，河南省极小种群保护专家委员会成员，河南省第三次农作物种质资源系统调查与抢救性收集专家组成员，河南省植物学会常务理事、副秘书长。围绕植物资源调查与分类，自然生态系统生物多样性监测、保护和恢复等理论和实践问题开展长期的教学和研究工作。

前言

伏牛山国家级自然保护区（嵩县段）位于河南省洛阳市嵩县南部伏牛山腹地，属于暖温带向亚热带过渡区，汇集着丰富的植物资源。

为了进一步摸清伏牛山国家级自然保护区（嵩县段）国家重点保护野生植物资源的数量、生长情况、生境和分布格局，确保其种群及生境安全，团队对伏牛山国家级自然保护区嵩县段重点保护野生植物进行了全面实地调查。

在河南省林业局的指导下，在保护区管理部门的大力支持下，团队成员多次深入伏牛山自然保护区（嵩县段）开展调查工作，踏查区域总面积完全覆盖伏牛山自然保护区（嵩县段）。拍摄重点保护植物照片 1 452 张、植物冠层照片 362 张，设置野外标准样方 150 个。

根据国家林业和草原局、农业农村部公告（2021 年第 15 号）《国家重点保护野生植物名录》及《河南省重点保护植物名录》，在保护区共发现重点保护植物 59 种，其中国家重点保护野生植物 41 种、河南省重点保护植物 18 种。本工作的开展有利于依法依规加强国家重点保护野生植物的保护管理工作，有利于保存种质资源，有利于采取针对性保护措施，有利于维护保护区生物多样性。

在调查工作的基础上，完成了《伏牛山国家级自然保护区（嵩县段）重点保护野生植物》一书。本书图文并茂，集科学性和实用性为一体。本书在编写过程中得到了伏牛山国家级自然保护区五马寺管理局的大力支持。河南农业大学叶永忠教授对野外考察及书稿编写给予了大量指导！河南农业大学生命科学学院的多位硕士研究生和本科生参与了野外调查和数据整理工作。在本书即将出版之际，我们对上述关心和支持本书出版工作的领导、老师、朋友和同学们表示衷心感谢！

由于本次调查时间有限，编者水平所限，文中若有不当之处，敬请同行专家和读者批评指正！

编辑委员会

2024 年 3 月 12 日

目 录

第1章

自然保护区概况

1.1 自然条件

1.1.1 地理位置

伏牛山国家级自然保护区（嵩县段）位于河南省洛阳市嵩县南部伏牛山腹地，东南与鲁山县尧山相连，西与栾川县龙峪湾搭界，南及西南与内乡县宝天曼、西峡县老界岭相邻，北与嵩县陆浑水库、天池山相望。地理坐标为东经111°48′ ~ 112°16′，北纬33°33′ ~ 33°56′。南北跨度60 km，东西跨度65 km。

1.1.2 地形地貌

伏牛山国家级自然保护区（嵩县段）是在新生界燕山造山运动所塑造的地貌形态基础上形成的，其山体主要由花岗岩及少量片麻岩组成。地层主要有前震旦纪结晶片、三叠纪千峰系岩、后入侵的以花岗岩为主的火成岩，地貌类型主要是流水作用的断块中山。经过漫长的历史风化，形成了许多千奇百怪、造型奇特的奇峰怪石。其地势特点为：山岭连绵，地形起伏，沟壑纵横，深谷中常年不见阳光。该区海拔多在1 100 ~ 2 000 m，最高2 216 m，最低670 m。海拔超过1 300 m的山峰有110座。其山势走向为由西向东继转东南又折东北逐渐降低。

1.1.3 气候

伏牛山国家级自然保护区（嵩县段）属于暖温带向亚热带过渡地带，属湿润气候区。区内年均气温13.1 ~ 13.9 ℃，最冷月份在1月，平均气温 -1.5 ~ 2 ℃，极端最低气温 -14.4 ℃；最热月份在7月，平均气温26.5 ~ 28.5 ℃，极端最高气温42.1 ℃。相对湿度70% ~ 78%，平均风速在2 m/s以下，冬季多为西北风。年均降水量在1 200 mm左右，降水日数为110 ~ 125 d，多集中在7 ~ 9月，日最大降水量329.4 mm。无霜期年均208 d，初霜期在10月下旬，终霜期在3月下旬。温度在垂直分布的变化规律为：海拔每升高100 m，温度降低0.45 ℃，≥ 10 ℃的日数减少4 ~ 5 d，年积温减少90 ℃。

1.1.4 岩石与土壤

伏牛山国家级自然保护区（嵩县段）内成土母岩以燕山期中粒花岗岩为主，也有片麻岩、安山玢岩（斑岩）、石英岩、砂岩等。海拔1 300 m以上山地，土壤类型以山地棕壤为主，间有小面积的山地褐土；海拔1 000 m以下为褐土。岩石裸露较普遍，土层多浅薄，厚度一般在30 cm以下。在沟、谷和局部较平缓的山坡土层较厚，

可达 40 cm 以上。土壤质地多以轻壤为主，pH 值为 5.5 ~ 6.5，呈微酸性。腐殖质层厚，一般可达到 15 ~ 20 cm，最厚可以达到 30 cm 左右。人为活动少，植被盖度大，除岩石裸露外，无侵蚀现象。

1.1.5 水文

伏牛山国家级自然保护区（嵩县段）是黄河水系、淮河水系、长江水系三大水系分水岭。杨树岭林区的庙眼西北部的河流注入伊河，归黄河流域；杨山林区、龙池漫林区的白音河、人上、拜石，木札岭林区的东大尖、葛条凹、尧山，这些地区的河流注入汝河，归淮河流域；大青林区、杨树岭林区的门神垭、玉皇顶、鸡角尖、庙眼大部分区域，木札岭林区的三坪、桦皮沟，龙池漫林区的茶房、上寺、东风、铁牛、石笼沟、楼房庄，这些地区的河流注入白河，归长江流域。

1.1.6 林地和林种

保护区总面积 11 032 hm^2，其中，林业用地 10 991 hm^2，非林业用地 41 hm^2。在林业用地中，有林地 10 991 hm^2，占林业用地面积的 100%，森林覆盖率 98.6%，活立木蓄积量 200 万 m^3。树种以阔杂、栎类和松类为主。以面积划分，阔杂占林分总面积的 63.9%，栎类占 31.7%，松类占 3.4%。全区林龄结构以中龄林为主。

1.2 社会经济条件

伏牛山国家级自然保护区（嵩县段）所处的嵩县位于洛阳市西南部，总面积 3 009 km^2，为全省第四版图大县。现辖 12 个镇 4 个乡 296 个行政村 41 个社区，总人口 65 万。

嵩县山高水长，生态优美，物华天宝，资源丰富。深山区占 95%、丘陵占 4.5%、平川占 0.5%，素有“九山半岭半分川”之称。为伏牛山生态旅游核心区、河南省成矿带中心区，旅游、中药材、矿产等资源分布广。建有世界地质公园、国家 5A 级景区白云山，国家 4A 级景区天池山、木札岭等 A 级景区 14 个，手绘小镇、石头部落、白云小镇等乡村旅游景区 23 个，陆浑湖为国家湿地公园、国家水利风景名胜区。拥有中药材 1 300 余种，被誉为“中药宝库”。盛产于嵩南山区的北柴胡被称作“嵩胡”，是中国原产地保护品种，皂角、银杏被认定为国家地理保护标志农产品。全县累计种植中药材 50 万亩，是全省十大中药材种植基地之一，全国最大的皂刺种植、加工、销售基地。探明矿产 46 种，年产黄金 40 万两，稳居中国十大产金县第五位，也是河南省重要钼工业基地县。

近年来，嵩县先后荣获中国旅游强县、全国休闲农业与乡村旅游示范县、国家生态示范县、中国最美绿色生态旅游名县、国家卫生县城、国家园林县城、中国银杏之乡、中国天然氧吧县、国家空气质量二级达标县、省级全域旅游示范区、省级生态县等称号。2021 年，全县完成生产总值 221.8 亿元，财政一般公共预算收入 10.9 亿元，城乡居民人均可支配收入 21 671.4 元。

1.3 交通条件

伏牛山国家级自然保护区（嵩县段）位于嵩县西南部的车村镇、白河镇、木植街乡的山区地带，周边交通便利，有洛栾快速通道、尧栾西高速、311 国道、322 省道、331 省道相互贯通，各保护站有县乡道路或者林区公路直达。

1.4　管理体制

1.4.1　保护区面积

伏牛山国家级自然保护区（嵩县段）原为国有嵩县五马寺林场，1982 年经河南省人民政府批准设立嵩县龙池漫省级自然保护区，1997 年 12 月经国务院批准，嵩县龙池漫、栾川老君山、南召宝天曼、西峡老界岭、鲁山尧山等 5 个省级自然保护区与内乡万沟林场、南召乔端林场、栾川龙峪湾林场的部分林区，加上周边部分集体山林，建立河南伏牛山国家级自然保护区。保护区（嵩县段）总面积 11 032 hm^2。其中，核心区面积 4 314 hm^2，缓冲区面积 722 hm^2，实验区面积 5 996 hm^2。

1.4.2　管理机构

2002 年嵩县机构编制委员会发文成立伏牛山国家级自然保护区五马寺管理局，与国有嵩县五马寺林场实行“一套人马、两块牌子”的管理体制，设综合办公室、计划财务股、资源保护股、森林经营股、综合利用股、人事教育股 6 个职能股室，辖杨山、木札岭、龙池漫顶宝石、龙池漫下寺、杨树岭、大青 6 个保护站，保护站下设保护点、检查站、瞭望台等巡护管理单位，实行“局—站—点”三级管理体系。

伏牛山国家级自然保护区五马寺管理局（国有嵩县五马寺林场）是财政全供事业单位，主要承担国有森林资源保护、保护区管理、森林生态旅游发展、林下经济发展等职责，在编在岗职工 127 人，有专业技术人员 19 人，其中高级工程师 4 人、工程师 8 人、助理工程师 7 人，专业覆盖林草资源培育、林草资源保护、森林生态、植物资源、生物技术等多个学科。

1.4.3　保护站

杨山保护站面积 1 685 hm^2，北至石门丈，南至磨上，西至黑峪沟，东至蝉堂。属保护区实验区，主要保护对象为天然次生林，红豆杉、南方红豆杉、紫斑牡丹、杨山牡丹、红椿、马蹄香、荞麦叶大百合、野大豆及黑鹳、大鲵、水獭等珍稀动植物及其生态系统。

木札岭保护站面积 1 607 hm^2，西至官山，东至尧山，北至东大尖，南至罗子坪，是木札岭原始生态旅游区的主游览区。属保护区实验区，主要保护对象为天然次生栎林、白桦林、油松林、华山松林、落叶松林，红豆杉、蕙兰、竹节参、狭叶重楼、水曲柳、山白树、杜鹃兰及青羊、红腹锦鸡、香獐等珍稀动植物及其生态系统。自然景观主要有尧山、官帽峰、王山等山峰日出云海景观；双龙瀑、三叠瀑、龙池等瀑潭景观；黄栌、五角槭、血皮槭、青榨槭等物候红叶景观。

龙池漫顶宝石保护站面积 2 385 hm^2，西至白果树，东至香炉幔，北起烧人场，南至岭脊。属保护区核心区和缓冲区，主要保护对象为天然栓皮栎次生林、华山松栎类混交林及多种植物群落，连香树、香果树、庙台槭、水曲柳、山茴香、领春木、铁杉及香獐、金钱豹、勺鸡等珍稀动植物及其生态系统。主峰龙池漫，海拔 2 211.6 m。是长江、黄河、淮河三大流域的分水地，是白河、伊河和汝河的发源地之一。

龙池漫下寺保护站面积 1 590 hm^2，西至白果树，东至香炉幔，北起龙池漫主脊，南至白河乡界的龙池漫南坡区域。属保护区核心区和缓冲区，主要保护对象为天然栓皮栎次生林、华山松栎类混交林及多种植物群落，红豆杉、蕙兰、乳头百合、水曲柳、领春木、铁杉及香獐、金钱豹、红腹锦鸡等珍稀动植物及其生态系统。

杨树岭保护站面积 2 808 hm^2，西至县界，东至磨坪，北至碾盘，南至上庄，是白云山国家森林公园的主游览区。属保护区实验区，主要保护对象为天然次生栎林、白桦林、人工油松林、华山松林、落叶松林，连香树、云南红景天、狭叶重楼、香果树、香榧、铁杉、河南杜鹃及香獐、鹿、黑鹳等珍稀动植物及其生态系统。自然景观主要有中原第一峰玉皇顶，海拔 2 216 m，鸡角尖、白云山、黑云山、光明峰等山峰日出云海景观；九龙河谷黑龙潭、黄龙井、珍珠滩、白龙瀑、九龙瀑等深谷、瀑潭景观；高山杜鹃林、高山箭竹林、白桦林、红桦林、华山松林、锐齿槲栎林等森林垂直带谱景观。人文景观主要有张良祠、玉皇阁、金顶、云岩寺、乌曼寺塔等。

大青保护站面积 957 hm^2，西至南凹，东至楼房庄，北至张家庄，南至县界。属保护区核心区和缓冲区，主要保护对象为天然次生林，香榧、马蹄香、荞麦叶大百合、庙台槭、大花杓兰及青羊、金雕等动植物及其生态系统。

第 2 章

自然保护区植被概况

2.1 植被分类

伏牛山国家级自然保护区（嵩县段）物种丰富，生境较为复杂，孕育了较为多样化的植被类型。根据实地调查，其植被可划分为7个植被型组、12个植被型、123个群系。主要包括针叶林、阔叶林、针阔叶混交林、竹林、灌丛和灌草丛、草甸和沼泽植被、水生植被。植被类型以森林、灌丛和草甸为主，其中森林主要包括华山松林、油松林、铁杉林、粗榧林等，灌丛主要由太白杜鹃灌丛、河南杜鹃灌丛和照山白灌丛构成。现仅将植被型组和植被型分类如下：

2.1.1 针叶林

2.1.1.1 常绿针叶林（含4个群系）

2.1.1.2 落叶针叶林（含2个群系）

2.1.2 阔叶林

2.1.2.1 落叶阔叶林（含32个群系）

2.1.2.2 常绿半常绿阔叶林（含2个群系）

2.1.3 针阔叶混交林

华山松、锐齿栎混交林

油松、槲栎混交林

2.1.4 竹林

2.1.4.1 单轴竹林（含3个群系）

2.1.5 灌丛和灌草丛

2.1.5.1 灌丛（含37个群系）

常绿灌丛（含3个群系）

落叶灌丛（含34个群系）

2.1.5.2 灌草丛（含3个群系）

美丽胡枝子、黄背草灌草丛

荆条、酸枣、黄背草灌草丛

悬钩子、大油芒灌草丛

2.1.6 草甸

2.1.6.1 典型草甸（含 17 个群系）

根茎禾草草甸（含 9 个群系）

丛生禾草草甸（含 4 个群系）

杂类草草甸（含 4 个群系）

2.1.6.2 湿生草甸（含 2 个群系）

2.1.7 沼泽植被和水生植被

2.1.7.1 沼泽植被（含 5 个群系）

2.1.7.2 水生植被（含 14 个群系）

挺水植被（含 3 个群系）

浮水植被（含 6 个群系）

沉水植被（含 5 个群系）

2.2 主要植被类型概况

2.2.1 针叶林

针叶林是以针叶树为建群种所组成的各类森林的总称，伏牛山国家级自然保护区（嵩县段）的针叶林包括常绿针叶林和落叶针叶林。

常绿针叶林有华山松林（Form. *Pinus armandi*）、油松林（Form. *Pinus tabuliformis*）、铁杉林（Form. *Tsuga chinensis*）、粗榧林（Form. *Cephalotaxus sinensis*）。

落叶针叶林有日本落叶松林（Form. *Larix kaempferi*）、华北落叶松林（Form. *Larix gmelinii* var. *principis-rupprechtii*）。

2.2.2 阔叶林

阔叶林是以阔叶树为建群种和优势种的森林类型，是河南森林资源的重要组成部分，伏牛山国家级自然保护区（嵩县段）的阔叶林包括落叶阔叶林和常绿半常绿阔叶林。

落叶阔叶林有栓皮栎林（Form. *Quercus variabilis*）、锐齿槲栎林（Form. *Quercus aliena* var. *acutiserrata*）、槲栎林（Form. *Quercus aliena*）、枹栎林（Form. *Quercus serrata*）、槲树林（Form. *Quercus dentata*）、茅栗林（Form. *Castanea seguinii*）、千金榆林（Form. *Carpinus cordata*）、铁木林（Form. *Ostrya japonica*）、石灰花楸林（Form. *Sorbus folgneri*）、水榆花楸林（Form. *Sorbus alnifolia*）、山杨林（Form. *Populus davidiana*）、白桦林（Form. *Betula platyphylla*）、坚桦林（Form. *Betula chinensis*）、飞蛾槭林（Form. *Acer oblongum*）、葛萝槭林（Form. *Acer davidii* subsp. *grosseri*）、化香林（Form. *Platycarya strobilacea*）、短梗稠李林（Form. *Prunus brachypoda*）、山樱花林（Form. *Prunus serrulata*）、灯台树林（Form. *Cornus controversa*）、四照花林（Form. *Cornus kousa* subsp. *chinensis*）、臭辣吴茱林（Form. *Evodia fargesii*）、领春木林（Form. *Euptelea pleiosperma*）、香果树林（Form. *Emmenopterys henryi*）、青檀林（Form. *Pteroceltis tatarinowii*）、牛鼻栓林（Form. *Fortunearia sinensis*）、漆树林（Form. *Toxicodendron vernixiflum*）、君迁子林（Form. *Diospyros lotus*）、胡桃楸林（Form. *Juglans mandshurica*）、河楸林（Form. *Catalpa ovata*）、东陵山柳林（Form. *Salix phylicifolia*）、腺柳林（Form. *Salix chaenomeloides*）和山茱萸人工林（Form. *Cornus officinalis*）。

常绿半常绿阔叶林有橿子栎林（Form. *Quercus baronii*）和岩栎林（Form. *Quercus acrodonta*）。

2.2.3 针阔叶混交林

针阔叶混交林是寒温带针叶林和夏绿阔叶林间的过渡类型，伏牛山国家级自然保护区（嵩县段）的针阔叶混交林有华山松、锐齿槲栎混交林（Form. *Pinus armandi*, *Quercus aliena* var. *acutiserrata*）和油松、槲栎混交林（Form. *Pinus tabuliformis*, *Quercus aliena*）。

2.2.4 竹林

竹林是由竹类植物组成的单优势种群落，竹是高大乔木状禾草类植物，伏牛山国家级自然保护区（嵩县段）的竹主要是单轴竹林，单轴竹林有桂竹林（Form. *Phyllostachys reticulata*）、斑竹林（Form. *Phyllostachys reticulata* cv. '*Lacrima-deae*'）和淡竹林（Form. *Phyllostachys glauca*）。

2.2.5 灌丛和灌草丛

灌丛是指灌木占优势的植被类型。建群种多为中生、簇生的灌木生活型。群落高度通常小于 5 m，郁闭度多为 0.3 ~ 0.4。在气候过于干燥或寒冷、森林难以生长的地方，常有灌丛分布。在山地植被垂直带中，高山灌丛也具有垂直地带意义。灌丛组成种类众多，生活型多样，类型复杂。从热带到温带，自低地至高山均有分布，适应性很广，有阔叶的、针叶的、落叶的、常绿的、耐寒的、喜热的、耐旱的、适盐的、喜酸的等。既有在各种自然条件下发育的原生灌丛，亦有在人为影响下形成的次生灌丛。通常将灌丛划分为常绿针叶灌丛、常绿阔叶灌丛、落叶阔叶灌丛等不同的植被型，伏牛山国家级自然保护区（嵩县段）的常绿灌丛有太白杜鹃灌丛（Form. *Rhododendron purdomii*）、河南杜鹃灌丛（Form. *Rhododendron henanense*）和照山白灌丛（Form. *Rhododendron micranthum*）；落叶灌丛有荆条灌丛（Form. *Vitex negundo* var. *heterophylla*）、黄栌灌丛（Form. *Cotinus coggygria* var. *cinereus*）、杜鹃灌丛（Form. *Rhododendron simsii*）、连翘灌丛（Form. *Forsythia suspensa*）、杭子梢灌丛（Form. *Campylotropis macrocarpa*）、绿叶胡枝子灌丛（Form. *Lespedeza*

buergeri）、美丽胡枝子灌丛（Form. *Lespedeza thunbergii* subsp. *formosa*）、南方六道木灌丛（Form. *Zabelia dielsii*）、日本白檀灌丛（Form. *Symplocos paniculata*）、山胡椒灌丛（Form. *Lindera glauca*）、三裂绣线菊灌丛（Form. *Spiraea trilobata*）、山梅花灌丛（Form. *Philadelphus incanus*）、桦叶荚蒾灌丛（Form. *Viburnum betulifolium*）、鸡树条灌丛（Form. *Viburnum opulus* subsp. *calvescens*）、碎花溲疏灌丛（Form. *Deutzia parviflora* var. *micrantha*）、接骨木灌丛（Form. *Sambucus williamsii*）、珍珠梅灌丛（Form. *Sorbaria sorbifolia*）、白鹃梅灌丛（Forrn. *Exochorda racemosa*）、榛灌丛（Form. *Corylus heterophylla*）、卫矛灌丛（Form. *Euonymus alatus*）、日本米面翁灌丛（Form. *Buckleya lanceolata*）、牛奶子灌丛（Form. *Elaeagnus umbellata*）、野山楂灌丛（Form. *Crataegus cuneata*）、紫珠灌丛（Form. *Callicarpa bodinieri*）、苦皮藤灌丛（Form. *Celastrus angulatus*）、棣棠灌丛（Form. *Kerria japonica*）、杠柳灌丛（Form. *Periploca sepium*）、忍冬灌丛（Form. *Lonicera japonica*）、小叶忍冬灌丛（Form. *Lonicera microphylla*）、悬钩子灌丛（Form. *Rubus* spp.）、密蒙花灌丛（Form. *Buddleja officinalis*）、西北栒子灌丛（Form. *Cotoneaster zabelii*）、秦岭小檗灌丛（Form. *Berberis circumserrata*）和簇花茶藨子灌丛（Form. *Ribes fasciculatum*）。

灌草丛是指以中生或旱中生多年生草本植物为主要建群种，但其中散生灌木的植物群落，伏牛山国家级自然保护区（嵩县段）的灌草丛有美丽胡枝子、黄背草灌草丛（Form. *Lespedeza thunbergii* subsp. *formosa*, *Themeda triandra*），荆条、酸枣、黄背草灌草丛（Form. *Vitex negundo* var. *heterophylla*, *Ziziphus jujuba* var. *spinosa*, *Themeda triandra*），悬钩子和大油芒灌草丛（Form. *Rubus* spp., *Spodiopogon sibiricus*）。

2.2.6 草甸

草甸是一种以多年生中生草本植物为主体的群落类型，发育在中度湿润条件下，具有浓密的草群，土壤完全生草化，种类组成较丰富，按植物群落性质可分为典型草甸、高寒草甸、沼泽化草甸和盐生草甸等，伏牛山国家级自然保护区（嵩县段）有典型草甸和湿生草甸（沼泽化草甸）。

典型草甸有根茎禾草草甸、丛生禾草草甸和杂类草草甸。其中根茎禾草草甸有狗牙根草甸（Form. *Cynodon dactylon*），结缕草草甸（Form. *Zoysia japonica*），大白茅草甸（Form. *Imperata cylindrica* var. *major*），野古草草甸（Form. *Arundinella hirta*），野青茅草甸（Form. *Deyeuxia pyramidalis*），马唐、画眉草草甸（Form. *Digitaria sanguinalis*,

Eragrostis pilosa)，白羊草草甸（Form. *Bothriochloa ischaemum*)，狼尾草草甸（Form. *Pennisetum alopecuroides*）和知风草草甸（Form. *Eragrostis ferruginea*)；丛生禾草草甸有黄背草草甸（Form. *Therneda triandra* var. *japonica*)，鹅观草、早熟禾草甸（Form. *Elymus kamoji*, *Poa annua*)，斑茅草甸（Form. *Saccharum arundinaceum*)，芒草草甸（Form. *Miscanthus sinensis*)；杂类草草甸有黄花菜草甸（Form. *Hemerocallis citrina*)、香青草甸（Form. *Anaphalis sinica*)、蒿类草甸（Form. *Artemisia* spp.）和湖北老鹳草草甸（Form. *Geranium rosthornii*)。

湿生草甸有酸模叶蓼草甸（Form. *Persicaria lapathifolia*）和翼果薹草、水金凤草甸（Form. *Carex neurocarpa*, *Impatiens noli-tangere*）。

2.2.7　沼泽植被和水生植被

2.2.7.1　沼泽植被

沼泽植被是指生长在土壤过湿或常年积水条件下，多年生沼生植物占优势的植被类型，属隐域性植被。沼泽植被以草本为主，区系组成较复杂，为水生植物与陆生植物间的过渡类型。大部分沼泽植物有发育良好的通气组织，植物的根没于水中或湿透的土壤中，而带叶的茎挺出水面。伏牛山国家级自然保护区（嵩县段）的沼

泽有灯芯草沼泽（Form. *Juncus effusus*），三棱草、香附子沼泽（Form. *Bolboschoenus maritimus*, *Cyperus rotundus*），唐进薹草沼泽（Form. *Carex tangiana*），欧洲慈姑群落（Form. *Sagittaria sagittifolia*）和喜旱莲子草沼泽（Form. *Alternanthera philoxeroides*）。

2.2.7.2　水生植被

水生植被是指生长在水域环境，由水生植物组成的植物群落。按其形态特征与生态习性，分为沉水、浮水和挺水 3 类生活型，它们以不同的形式组合成各种水生植被类型，伏牛山国家级自然保护区（嵩县段）3 种类型的植被都有。挺水植被有香蒲沼泽（Form. *Typha* spp.）、芦苇沼泽（Form. *Phragmites australis*）和菰群落（Form. *Zizania latifolia*），浮水植被有满江红、槐叶蘋群落（Form. *Azolla pinnata* subsp. *asiatica*, *Salvinia natans*），浮萍、紫萍群落（Form. *Lemna minor*, *Spirodela polyrhiza*），荇菜群落（Form. *Nymphoides peltata*），芡实、菱群落（Form. *Euryale ferox*, *Trapa* spp.），菱群落（Form. *Trapa* spp.）和眼子菜群落（Form. *Potamogeton distinctus*）；沉水植被有穗状狐尾藻群落（Form. *Myriophyllum spicatum*）、黑藻群落（Form. *Hydrilla verticillata*）、菹草群落（Form. *Potamogeton crispus*）、竹叶眼子菜群落（Form. *Potamogeton wrightii*）和金鱼藻群落（Form. *Ceratophyllum demersum*）。

第 3 章

自然保护区重点保护野生植物调查

3.1 调查意义

伏牛山国家级自然保护区（嵩县段）内汇集着丰富的植物资源，保存着较为完整的天然次生植被和原生植物群落，是中州植物种子资源储存库，野生动物的庇护所。根据国家林业和草原局、农业农村部公告（2021 年第 15 号）《国家重点保护野生植物名录》，团队通过实地调查，进一步摸清伏牛山国家级自然保护区（嵩县段）国家重点保护野生植物资源的数量、生长情况、生境和分布格局，确保其种群及生境安全，有利于依法依规加强国家重点保护野生植物的保护管理工作，便于开展就地保护和监测，有利于保存种质资源，有利于采取针对性保护措施，有利于维护保护区生物多样性，保持自然保护区生态系统长期稳定。开展该区域国家重点保护野生植物资源调查是拯救濒危野生植物，维护生物多样性和生态平衡，积极践行生态文明，建设美丽中国的重要举措。

3.2 调查方法

采用样线调查的方法对保护区全面踏查，调查样线范围覆盖五马寺管理局 6 个保护站。每条调查线路结合森林资源分布图、地形图或卫星图片在山脊、沟谷、阳坡、阴坡、海拔等不同地段设置。沿着调查线路观察记录每种国家重点保护野生植物，填写植物野外调查表格，记录植物的名称、坐标位置和生长状况。设置标准样方，记录保护植物生境、海拔、经纬度及伴生种。

对于不能准确识别的植物采集枝、叶、花、果等器官，压制成标本，拍摄形态照片，以便鉴定。统计国家重点保护野生植物的群落特征、多样性、伴生种、指示种、分布格局、生境状况等。

森林生态系统的能量循环过程和强度由冠层结构的特征所决定，林下光环境的异质性直接影响植物的更新和演替，在冠层结构形成的光环境下，林下植物群落的分布格局也受到强烈影响。因此，研究植物群落的冠层结构和林下光环境特征对于增进我们对物种共存机制的理解非常重要，同时对于林下植被的恢复也具有重要意义。采用 Hemi View HMV.10 冠层分析仪采集林冠层和光照数据。使用三脚架将数码单反相机固定在距离地面 1.3 m 的高度，用 180° 鱼眼镜头垂直向上拍照取像，在每个样方的中心点设点拍照，每次均拍摄 3 张照片，最后选取天空和树叶之间对比度最高的照片作为有效照片。采用 Hemi View 林地冠层数字分析系统软件，对选取的有效照片进行处理，冠层结构由叶面积指数、透光比来反映，林下光照参数包括冠层下的直接辐射和冠层下的散射辐射。

土壤是生态系统中的一个重要组成部分，研究土壤的理化特性有助于了解土壤在生态系统中的生态功能，探究土壤与植物之间的相互作用关系。在植株周围东、南、西、北设 4 个取样点，取样过程中去除凋落物等杂质。将每个样方的各土壤样品混合均匀，用直径 2 mm 的网筛进行过筛。取 20 g 土样装入无菌聚乙烯封口袋中，带回实验室，用于测定土壤的 5 个理化性质指标：土壤碱解氮（AN）、土壤有效磷（AP）、土壤有机质（SOM）、土壤含水量（WC）和土壤 pH。土壤碱解氮含量的测定采用碱解扩散法。土壤有效磷含量的测定采用 $NaHCO_3$ 浸提-钼锑抗比色法。土壤有机质含量采用重铬酸钾-外加热法测定。采用烘干法测定土壤含水量。土壤 pH 通过 pH 计测定。

3.3　调查结果

团队成员多次深入伏牛山国家级自然保护区（嵩县段）开展调查工作，拍摄重点保护植物照片 1 452 张、植物冠层照片 362 张，设置野外标准样方 150 个。通过调查共发现重点保护植物 59 种，其中国家重点保护野生植物 41 种、河南省重点保护植物 18 种。

根据国家林业和草原局、农业农村部公告（2021 年第 15 号）《国家重点保护野生植物名录》，伏牛山国家级自然保护区（嵩县段）共发现国家重点保护野生植物 41 种，隶属于 21 科、29 属（表 1）。其中，国家一级保护野生植物 4 种，国家二级保护野生植物 37 种。

与 2005 年河南省人民政府公布的《河南省重点保护植物名录》相比，本次调查所发现的紫斑牡丹、杨山牡丹、矮牡丹、毛杓兰、大花杓兰、独花兰、天麻，共 7 种植物，由河南省重点保护植物调升为国家重点保护野生植物。

表 1　伏牛山国家级自然保护区（嵩县段）国家重点保护野生植物

中文名	学名	科	保护等级	分布海拔 /m	种群数量
银杏	*Ginkgo biloba* L.	银杏科	一级	800~1 100	+
秦岭冷杉	*Abies chensiensis* Tiegh.	松科	二级	1 900~2 100	+
红豆杉	*Taxus wallichiana* var. *chinensis* (Pilger) Florin	红豆杉科	一级	800~1 000	+
南方红豆杉	*Taxus wallichiana* var. *mairei* (Lemee & H. Léveillé) L. K. Fu & Nan Li	红豆杉科	一级	1 000~1 500	+
榧	*Torreya grandis* Fort. ex Lindl.	红豆杉科	二级	1 100~1 300	++
巴山榧	*Torreya fargesii* Franch.	红豆杉科	二级	1 100~1 300	+
大叶榉树	*Zelkova schneideriana* Hand.-Mazz.	榆科	二级	900~1 400	+
连香树	*Cercidiphyllum japonicum* Sieb. et Zucc.	连香树科	二级	1 400~1 800	+
金荞麦	*Fagopyrum dibotrys* (D. Don) Hara	蓼科	二级	650~700	+
马蹄香	*Saruma henryi* Oliv.	马兜铃科	二级	900~1 200	+++
紫斑牡丹	*Paeonia rockii* (S. G. Haw & Lauener) T. Hong & J. J. Li	芍药科	一级	1 100~2 800	+
杨山牡丹	*Paeonia ostii* T. Hong & J. X. Zhang	芍药科	二级	1 200~1 500	++
矮牡丹	*Paeonia jishanensis* T. Hong & W. Z. Zhao	芍药科	二级	1 144~1 455	+
中原牡丹	*Paeonia cathayana* D. Y. Hong & K. Y. Pan	芍药科	二级	1 206	+
红景天	*Rhodiola rosea* L.	景天科	二级	900~2 100	+
云南红景天	*Rhodiola yunnanensis* (Franch.) S. H. Fu	景天科	二级	900~1 700	+
野大豆	*Glycine soja* Sieb. & Zucc.	豆科	二级	724	+
红椿	*Toona ciliata* Roem.	楝科	二级	813	+
庙台槭	*Acer miaotaiense* P. C. Tsoong	无患子科	二级	900~1 700	++
中华猕猴桃	*Actinidia chinensis* Planch.	猕猴桃科	二级	800~1 200	+++
软枣猕猴桃	*Actinidia arguta* (Sieb.et Zucc.) Planch. ex Miq.	猕猴桃科	二级	1 800~2 000	+

续表

中文名	学名	科	保护等级	分布海拔 /m	种群数量
紫椴	*Tilia amurensis* Rupr	锦葵科	二级	1 300~1 600	+
竹节参	*Panax japonicus* (T. Nees) C. A. Meyer	五加科	二级	1 814	+
疙瘩七	*Panax bipinnatifidus* Seemann	五加科	二级	1 800~2 200	+
山茴香	*Carlesia sinensis* Dunn	伞形科	二级	1 700~1 900	+
水曲柳	*Fraxinus mandshurica* Rupr.	木樨科	二级	1 000~1 600	+++
香果树	*Emmenopterys henryi* Oliv.	茜草科	二级	1 000	+
华重楼	*Paris polyphylla* var. *chinensis* (Franch.) Hara	藜芦科	二级	1 496	+
狭叶重楼	*Paris polyphylla* var. *stenophylla* Franch.	藜芦科	二级	700~1 900	++
宽叶重楼	*Paris polyphylla* var. *latifolia* Wang et Chang	藜芦科	二级	783	++
荞麦叶大百合	*Cardiocrinum cathayanum* (Wilson) Stearn	百合科	二级	1 000~1 300	++
乳头百合	*Lilium papilliferum* Franch.	百合科	二级	1 400	+
川贝母	*Fritillaria cirrhosa* D. Don	百合科	二级	1 100~1 300	+
太白贝母	*Fritillaria taipaiensis* P. Y. Li	百合科	二级	1 200	+
毛杓兰	*Cypripedium franchetii* E. H. Wilson	兰科	二级	1 000	+
大花杓兰	*Cypripedium macranthos* Sw.	兰科	二级	1 200~1 800	+
独花兰	*Changnienia amoena* Chien	兰科	二级	1 296	+
独蒜兰	*Pleione bulbocodioides* (Franch.) Rolfe	兰科	二级	1 497	+
蕙兰	*Cymbidium faberi* Rolfe	兰科	二级	900~1 000	++
天麻	*Gastrodia elata* Bl.	兰科	二级	1 000~1 300	+
杜鹃兰	*Cremastra appendiculata* (D. Don) Makino	兰科	二级	1 819	++

注：种群数量中的 + 为 1~10 株(草本植物为群居),++ 为 11~50 株(草本植物为群居),+++ 为 51~200 株(草本植物为群居)。

根据 2005 年河南省人民政府公布的《河南省重点保护植物名录》，伏牛山国家级自然保护区（嵩县段）共有河南省重点保护植物 18 种，隶属于 15 科、16 属（表 2）。

表 2　伏牛山国家级自然保护区（嵩县段）河南省重点保护植物

中文名	学名	科	分布海拔 /m	种群数量
铁杉	*Tsuga chinensis* (Franch.) Pritz.	松科	1 500~1 600	+
粗榧	*Cephalotaxus sinensis* (Rehder & E. H. Wilson) H. L. Li	红豆杉科	800~1 300	++
青檀	*Pteroceltis tatarinowii* Maxim.	大麻科	971	+
铁木	*Ostrya japonica* Sarg.	桦木科	1 100~1 300	+++
华榛	*Corylus chinensis* Franch.	桦木科	1 135	++
领春木	*Euptelea pleiosperma* J. D. Hooker & Thomson	领春木科	900~1 400	++
玉兰	*Yulania denudata* (Desr.) D. L. Fu	木兰科	1 300~2 100	+
杜仲	*Eucommia ulmoides* Oliv.	杜仲科	782	+
山白树	*Sinowilsonia henryi* Hemsl.	金缕梅科	900~1 000	+
河南海棠	*Malus honanensis* Rehd.	蔷薇科	800~2 000	+
蜡枝槭	*Acer ceriferum* Rehd.	无患子科	1 000~1 100	++
重齿槭	*Acer duplicatoserratum* Hayata	无患子科	1 000~1 400	+
暖木	*Meliosma veitchiorum* Hemsl.	清风藤科	1 166	++
刺楸	*Kalopanax septemlobus* (Thunb.) Koidz.	五加科	1 156	+++
玉铃花	*Styrax obassia* Sieb. & Zucc.	安息香科	1 500~1 800	+
河南杜鹃	*Rhododendron henanense* Fang	杜鹃花科	1 830	++
太白杜鹃	*Rhododendron purdomii* Rehd. et Wils.	杜鹃花科	1 500	++
绞股蓝	*Gynostemma pentaphyllum* (Thunb.) Makino	葫芦科	900~1 400	+++

注：种群数量中的 + 为 1~10 株（草本植物为群居）,++ 为 11~50 株（草本植物为群居）,+++ 为 51~200 株（草本植物为群居）。

第 4 章

自然保护区重点保护野生植物

1. 银杏 *Ginkgo biloba* L.

银杏科 Ginkgoaceae 银杏属 *Ginkgo*

形态特征

别名：鸭掌树、鸭脚子、公孙树、白果。落叶大乔木，高可达 40 m；树皮灰白色至灰褐色；小枝有长短枝之分，短枝黑灰色；叶扇形，基部楔形，叶柄长 3~10 cm；雄球花生于短枝顶端叶腋或苞腋，长圆形，下垂，淡黄色；雌球花数个生于短枝叶丛中，淡绿色；种子椭圆形、倒卵圆形或近球形。花期 3 月下旬至 4 月中旬，种子 9~10 月成熟。

银杏叶片

嵩县千年银杏

银杏树干与树皮

分布

在我国分布甚广，除黑龙江、内蒙古、西藏、海南、台湾、澳门外各地均有栽培。河南境内多地均有栽培，以嵩县居多。

伴生植物

该区分布有半野生与野生状态银杏两种。

半野生状态银杏林间零散混生有杜仲（*Eucommia ulmoides* Oliv.）、山茱萸（*Cornus officinalis* Sieb. & Zucc.）等灌木及乔木，林下常见有魔芋（*Amorphophallus konjac* K. Koch）、棣棠［*Kerria japonica* (L.) DC.］等植物；野生状态银杏与茅栗（*Castanea seguinii* Dode）、粗榧［*CepHalotaxus sinensis* (Rehder & E. H. Wilson) H. L. Li］、溲疏（*Deutzia scabra* Thunb.）等混生。

地形生境

半野生状态属嵩县古银杏群，多见于龙池漫保护站和杨树岭保护站海拔 800~1 100 m 处；野生状态银杏生长于杨树岭保护站海拔 954 m 的落叶阔叶林中。

土壤生境

嵩县野生银杏土壤 pH 值为 7.84，呈弱碱性；土壤较干，含水率为 15.19%；土壤有效磷、有效钾含量较高，分别为 74.82 mg/kg、83.71 mg/kg；土壤肥力较高，有机质含量为 111.86 g/kg。

冠层生境

嵩县野生银杏为阳性植物。其透光比为 0.33%；叶面积指数为 0.97；散射幅度为 0.42 kW/m^2；直射幅度较大，为 1.99 kW/m^2。

银杏冠层结构

保护价值

药用价值：富含多种药用成分，可延缓衰老，治疗老年痴呆，对治疗冠心病、心绞痛和高脂血症有显著效果。

2. 秦岭冷杉 *Abies chensiensis* Tiegh.

松科 Pinaceae 冷杉属 *Abies*

形态特征

俗名：陕西冷杉、枞树。常绿乔木，高达 50 m。一年生枝淡黄灰色、淡黄色或淡褐黄色，二、三年生枝淡黄灰色或灰色；叶在枝上列成两列或近两列状，条形，长 1.5~4.8 cm；球果圆柱形或卵状圆柱形，近无梗，成熟前绿色，熟时褐色；种子较种翅长，倒三角状椭圆形。花期 5~6 月，果期 10 月。

秦岭冷杉叶片

秦岭冷杉

秦岭冷杉树干

秦岭冷杉叶片与枝条

分布

主要分布于中国陕西、甘肃、河南、湖北等地。河南境内在灵宝、栾川、嵩县、洛宁、鲁山、西峡、内乡、南召等地均有发现，其中以灵宝小秦岭保护区居多。

伴生植物

常与红桦（*Betula albosinensis* Burkill）、陕甘花楸（*Sorbus koehneana* Schneid.）和锐齿槲栎（*Quercus aliena* var. *acutiserrata* Maximowicz ex Wenzig）混生，林下灌木常见有悬钩子蔷薇（*Rosa rubus* Lévl. et Vant.），散生有珍珠梅[*Sorbaria sorbifolia* (L.) A. Br.]、二翅糯米条[*Abelia macrotera* (Graebn. et Buchw.) Rehd.]、秦岭木姜子（*Litsea tsinlingensis* Yang et P. H. Huang）等。

地形生境

多见于伏牛山（嵩县段）木札岭保护站海拔 1 900 ~2 100 m 的阳面山坡处。秦岭冷杉为耐阴植物，考察发现幼树在林窗地下生长状态良好。

土壤生境

嵩县野生秦岭冷杉土壤 pH 值为 5.65，呈酸性；土壤湿润，含水率为 22.19%；土壤有效磷、有效钾含量分别为 27.48 mg/kg、92.34 mg/kg；土壤肥力较高，有机质含量为 119.36 g/kg。

冠层生境

嵩县野生秦岭冷杉为耐阴植物。其透光比为 0.30%；叶面积指数为 1.07；散射幅度为 0.36 kW/m^2；直射幅度较大，为 2.65 kW/m^2。

秦岭冷杉冠层结构

保护价值

使用价值：木材较轻软，纹理直，可作建筑用材。

药用价值：球果被称为“松墨子”，可入药，有平肝息风、调经活血、安神定志等功能。树皮和叶含芳香油，可提取冷杉油。

3. 红豆杉 *Taxus wallichiana* var. *chinensis* (Pilger) Florin

红豆杉科 Taxaceae 红豆杉属 *Taxus*

形态特征

别名：观音杉、红豆树、扁柏、卷柏。常绿乔木，高达 50 m；一年生枝淡黄灰色、淡黄色或淡褐黄色，二、三年生枝淡黄灰色或灰色；冬芽圆锥形，有树脂；叶在枝上列成两列或近两列状，条形，果枝之叶先端尖或钝，树脂道中生或近中生，营养枝及幼树的叶较长；球果圆柱形或卵状圆柱形。花期一般是 4~5 月，果期 6~11 月。

红豆杉叶片

红豆杉

红豆杉枝条

红豆杉枝条与叶片

分布

主要分布于中国甘肃、陕西、四川、云南等地。河南境内主要分布在伏牛山和太行山。

伴生植物

常与五角槭［*Acer pictum* subsp. *mono* (Maxim.) H. Ohashi］、白花泡桐［*Paulownia fortunei* (Seem.) Hemsl.］、柿（*Diospyros kaki* Thunb.）、红椿（*Toona ciliata* Roem.）、山茱萸（*Cornus officinalis* Sieb. & Zucc.）、白蜡树（*Fraxinus chinensis* Roxb.）、三桠乌药（*Lindera obtusiloba* Bl.）、海州常山（*Clerodendrum trichotomum* Thunb.）等混生。

地形生境

见于伏牛山（嵩县段）杨山保护站南坡海拔 800~1 000 m 的山腰及近山顶处。

土壤生境

嵩县野生红豆杉土壤 pH 值为 7.04，呈弱碱性；土壤湿润，含水率为 50%；土壤有效磷、有效钾含量分别为 20 mg/kg、84 mg/kg；土壤肥力较高，有机质含量为 385 g/kg。

冠层生境

嵩县野生红豆杉为耐阴植物。其透光比为 0.37%；叶面积指数为 0.86；散射幅度为 0.51 kW/m^2；直射幅度较大，为 1.77 kW/m^2。

红豆杉冠层结构

保护价值

药用价值：根、茎、叶均可入药，可用于治疗糖尿病和月经不调。

观赏价值：可用来制作盆景，具有多重观赏价值。

使用价值：其木材结实耐用，可作多种用材。

4. 南方红豆杉 *Taxus wallichiana* var. *mairei* (Lemee & H. Léveillé) L. K. Fu & Nan Li

红豆杉科 Taxaceae 红豆杉属 *Taxus*

形态特征

别名：血柏、红叶水杉、海罗松、榧子木、赤椎、杉公子、美丽红豆杉、蜜柏。常绿乔木，本变种与红豆杉的区别主要在于叶常较宽长，多呈弯镰状，上部常渐窄，先端渐尖；种子通常较大，微扁，多呈倒卵圆形，种脐常呈椭圆形。花期一般是4~5月，果期是6~11月。

南方红豆杉叶片

南方红豆杉

南方红豆杉树干

分布

主要分布于中国安徽、福建、江西、甘肃、广东、广西、贵州、河南、湖北、湖南、陕西、四川、台湾、云南、浙江、重庆等地。河南境内主要分布在嵩县、卢氏。

伴生植物

常与红桦（*Betula albosinensis* Burkill）、陕甘花楸（*Sorbus koehneana* Schneid.）和锐齿槲栎（*Quercus aliena* var. *acutiserrata* Maximowicz ex Wenzig）等混生，林下灌木常见有珍珠梅［*Sorbaria sorbifolia* (L.) A. Br.］、二翅糯米条［*Abelia macrotera* (Graebn. et Buchw.) Rehd.］、秦岭木姜子（*Litsea tsinlingensis* Yang et P. H. Huang）等。

地形生境

自然生长在木札岭保护站海拔 1 000 ~1 500 m 的山谷、溪边、缓坡中。

土壤生境

嵩县野生南方红豆杉土壤 pH 值为 7.12，呈弱碱性；土壤较干，含水率为 10.85%；土壤有效磷、有效钾含量分别为 34.62 mg/kg、47.05 mg/kg；土壤肥力较高，有机质含量为 77.23 g/kg。

冠层生境

嵩县野生南方红豆杉为阴性植物。其透光比为 0.08%；叶面积指数为 2.49；散射幅度为 0.12 kW/m^2；直射幅度为 0.29 kW/m^2。

南方红豆杉冠层结构

保护价值

药用价值：主要用于治疗蛔虫病、消化不良、肿瘤、糖尿病、肾病、类风湿、关节炎等症。

观赏价值：枝叶浓郁，树形优美，种子成熟时果实满枝十分美观，可用作观赏植物。

5. 榧 *Torreya grandis* Fort. ex Lindl.

红豆杉科 Taxaceae 榧属 *Torreya*

形态特征

别名：香榧、小果榧、凹叶榧、小果榧树、钝叶榧树、药榧、野杉、大圆榧、细圆榧、栾泡榧、米榧、了木榧、芝麻榧、圆榧。乔木，高达 25 m；树皮淡黄灰色、深灰色或灰褐色，不规则纵裂；一年生小枝绿色，二至三年生小枝黄绿色、淡褐黄色或暗绿黄色，稀淡褐色；叶线形，通常直；种子椭圆形、卵圆形、倒卵形或长椭圆形。花期 4 月，种子翌年 10 月成熟。

榧叶片

榧

榧树干

榧顶芽

分布

主要分布于中国江苏、浙江、福建、江西、安徽、湖南、贵州等地，其垂直分布因地理位置而异。河南境内伏牛山有分布。

伴生植物

常与八角枫［*Alangium chinense* (Lour.) Harms］、锐齿槲栎（*Quercus aliena* var. *acutiserrata* Maximowicz ex Wenzig）、榉树［*Zelkova serrata* (Thunb.) Makino］等混生，林下常见有杜鹃（*Rhododendron simsii* Planch.）、薯蓣（*Dioscorea polystachya* Turczaninow）、蟹甲草（*Parasenecio forrestii* W. W. Smith et Samll）、唐松草（*Thalictrum aquilegiifolium* var. *sibiricum* L.）等。

地形生境

常生于向阳凉爽的山坡和旷地。多见于杨树岭保护站和大青保护站海拔 1 100~1 300 m 的坡顶落叶阔叶林中。

土壤生境

嵩县野生榧土壤 pH 值为 5.39，呈酸性；土壤湿润，含水率为 22.66%；土壤有效磷、有效钾含量分别为 58.91 mg/kg、62.14 mg/kg；土壤肥力较高，有机质含量为 294.83 g/kg。

冠层生境

嵩县野生榧为阴性植物。其透光比为 0.22%；叶面积指数为 1.40；散射幅度为 0.32 kW/m^2；直射幅度较大，为 1.79 kW/m^2。

榧冠层结构

保护价值

药用价值：成熟种子可入药，用于治疗钩虫病、蛔虫病、绦虫病等。

观赏价值：枝叶茂密，树冠整齐，耐阴性强，具有观赏价值。

6. 巴山榧 *Torreya fargesii* Franch.

红豆杉科 Taxaceae 榧属 *Torreya*

形态特征

别名：球果榧、篦子杉、紫柏、铁头枞、巴山榧树。常绿乔木，高达 12 m，树皮深灰色，不规则纵裂；一年生小枝绿色，二至三年生枝黄绿色或黄色，稀淡褐黄色；叶线形，稀线状披针形，长 1.3~3 cm，宽 2~3 mm；种子卵圆形、球形或宽椭圆形。花期 4~5 月，种子翌年 9~10 月成熟。

巴山榧叶片

巴山榧果实

巴山榧生境

巴山榧

巴山榧生境

分布

主要分布于中国陕西、湖北、四川、河南等地。河南境内在商城、嵩县、南召有分布。

伴生植物

常与紫荆（*Cercis chinensis* Bunge）、领春木（*Euptelea pleiosperma* J. D. Hooker & Thomson）、华榛（*Corylus chinensis* Franch.）、锐齿槲栎（*Quercus aliena* var. *acutiserrata* Maximowicz ex Wenzig）、连翘［*Forsythia suspensa* (Thunb.) Vahl］、接骨木（*Sambucus williamsii* Hance）、马蹄香（*Saruma henryi* Oliv.）、野菊（*Chrysanthemum indicum* L.）等植物伴生。

地形生境

多见于伏牛山（嵩县段）龙池漫保护站海拔 1 100~1 300 m 的杂木林下。

土壤生境

嵩县野生巴山榧土壤 pH 值为 6.08，呈弱酸性。土壤较干，含水率为 16.63%。土壤有效磷含量为 32.55 mg/kg；有效钾含量较高，为 103.12 mg/kg。土壤有机质含量为 58.67 g/kg。

冠层生境

嵩县野生巴山榧为阴性植物。其透光比为 0.15%；叶面积指数较大，为 2.39；散射幅度为 0.25 kW/m^2；直射幅度为 0.71 kW/m^2。

巴山榧冠层结构

保护价值

使用价值：木材坚硬，结构细致，可做家具、农具等。

食用价值：种子可榨油。

7. 大叶榉树 *Zelkova schneideriana* Hand.-Mazz.

榆科 Ulmaceae 榉属 *Zelkova*

形态特征

乔木，高达 35 m；树皮灰褐色至深灰色，不规则片状剥落；一年生枝密被伸展灰色柔毛；冬芽常 2 个并生；叶卵形或椭圆状披针形，长 3~10 cm；雄花 1~3 朵生于叶腋，雌花或两性花常单生于幼枝上部叶腋；核果几乎无梗，淡绿色。花期 4 月，果期 9~11 月。

大叶榉树叶片

大叶榉树

大叶榉树树干

大叶榉树基部

大叶榉树生境

分布

主要分布于中国陕西、甘肃、河南、四川、江苏、安徽、浙江、江西、福建、湖北、湖南、广东、广西、贵州、云南和西藏等地。

伴生植物

常与灯台树（*Cornus controversa* Hemsley）、大叶小檗（*Berberis ferdinandi-coburgii* Schneid）、瘤枝卫矛（*Euonymus verrucosus* Scop.）、青榨槭（*Acer davidii* Franch.）等伴生。林下常见有马蹄香（*Saruma henryi* Oliv.）、珍珠梅［*Sorbaria sorbifolia* (L.) A. Br.］、地锦［*Parthenocissus tricuspidata*（Sieb. & Zucc.）Planch.］等。

地形生境

见于伏牛山（嵩县段）杨树岭保护站、杨山保护站、龙池漫保护站和大青保护站海拔 900~1 400 m 的山腰及近山顶处。

土壤生境

嵩县野生大叶榉树土壤 pH 值为 5，呈酸性；土壤湿润，含水率为 50%；土壤有效磷、有效钾含量分别为 20 mg/kg、84 mg/kg；土壤肥力较高，有机质含量为 385 g/kg。

冠层生境

嵩县野生大叶榉树为阳性植物。其透光比为 0.11%；叶面积指数较大，为 3.09；散射幅度为 0.20 kW/m^2；直射幅度为 0.73 kW/m^2。

大叶榉树冠层结构

保护价值

药用价值：树皮和叶可入药，具有清热解毒、止血、利水、安胎的功效，用于治疗感冒发热、便血、妊娠腹痛、疮疡肿痛等症。

观赏价值：树冠广阔，树形优美。叶色季相变化丰富，春叶嫩绿，夏叶深绿，秋叶橙红，观赏价值很高。

8. 连香树 *Cercidiphyllum japonicum* Sieb. et Zucc.

连香树科 Cercidiphyllaceae 连香树属 *Cercidiphyllum*

形态特征

大乔木，高达 20 m。树皮灰色；小枝无毛，短枝在长枝上对生；芽鳞褐色；短枝的叶近圆形、宽卵形或心形，长枝的叶椭圆形或三角形，长 4~7 cm，宽 3.5~6 cm，叶柄长 1~2.5 cm；花两性；蓇葖果，荚果状，长 1~1.8 cm，种子数个，扁平四角形，褐色。花期 4 月，果期 8 月。

连香树叶片

连香树

连香树生境

连香树树干

连香树树冠

连香树基部

连香树树皮

分布

主要分布于中国山西、河南、陕西、甘肃、安徽、浙江、江西、湖北及四川等地。

伴生植物

常与蜡枝槭（*Acer ceriferum* Rehd.）、老鸹铃（*Styrax hemsleyanus* Diels）、水曲柳（*Fraxinus mandshurica* Rupr.）、山核桃（*Carya cathayensis* Sarg.）、灯台树（*Cornus controversa* Hemsley）、接骨木（*Sambucus williamsii* Hance）等林木伴生。

地形生境

生于伏牛山（嵩县段）杨树岭保护站和龙池漫保护站海拔 1 400~1 800 m 近山顶处的疏林中。

土壤生境

嵩县野生连香树土壤 pH 值为 6.15，呈弱酸性；土壤较干，含水率为 11.11 %；土壤有效磷、有效钾含量分别为 58.45 mg/kg、59.98 mg/kg；土壤肥力较高，有机质含量为 264 g/kg。

冠层生境

嵩县野生连香树为耐阴植物。其透光比为 0.13 %；叶面积指数较大，为 2.83；散射幅度为 0.22 kW/m^2；直射幅度为 0.57 kW/m^2。

连香树冠层结构

保护价值

药用价值：鲜果用于治疗小儿惊风抽搐。

使用价值：树皮与叶片含鞣质，可提制栲胶。

观赏价值：树体高大，树姿优美，叶形奇特，叶色季相变化很丰富（春天为紫红色，夏天为翠绿色，秋天为金黄色，冬天为深红色），且落叶迟，发芽早，极具观赏性价值，是园林绿化、景观配置的优良树种。

9. 金荞麦 *Fagopyrum dibotrys* (D. Don) Hara

蓼科 Polygonaceae 荞麦属 *Fagopyrum*

形态特征

别名：土荞麦、野荞麦、苦荞头、透骨消、赤地利、天荞麦。多年生草本，高达 1 m；块根药用；茎直立，具纵棱，有时一侧沿棱被柔毛；叶三角形，先端渐尖，基部近戟形，两面被乳头状突起，托叶鞘无缘毛；花序伞房状，苞片卵状披针形，花序梗与苞片近等长，中部具关节。花期 7~9 月，果期 8~10 月。

金荞麦叶片

金荞麦

分布

主要分布于中国江苏、浙江、安徽、福建、江西、河南、湖北、湖南、广东、广西、重庆、四川、贵州、云南、西藏、陕西、甘肃等地。

伴生植物

常与茜草(*Rubia cordifolia* L.)、野艾蒿(*Artemisia lavandulifolia* Candolle)、八角麻(*Boehmeria platanifolia* Franchet & Savatier)等伴生。

金荞麦生境

地形生境

见于伏牛山（嵩县段）龙池漫保护站海拔 650~700 m 处，林下成簇生长，无阳光直射。

土壤生境

嵩县野生金荞麦土壤 pH 值为 6.15，呈弱酸性；土壤湿润，含水率为 21.11%；土壤有效磷、有效钾含量分别为 15.81 mg/kg、31.94 mg/kg；土壤有机质含量为 56.17 g/kg。

金荞麦冠层结构

冠层生境

嵩县野生金荞麦为阴性植物。其透光比为 0.12 %；叶面积指数较大，为 2.02；散射幅度为 0.18 kW/m^2；直射幅度为 0.44 kW/m^2。

保护价值

药用价值：块根可入药，有清热解毒、排脓去瘀的功效。用于治疗肺脓疡、麻疹肺炎、扁桃体周围脓肿、肺热咳喘、咽喉肿痛、蛇虫咬伤等。

10. 马蹄香 *Saruma henryi* Oliv.

马兜铃科 Aristolochiaceae 马蹄香属 *Saruma*

形态特征

别名：冷水丹、高脚细辛、狗肉香。多年生草本，高达 1 m；根茎芳香；茎被灰褐色短柔毛；叶互生，心形，长 6~15 cm，叶柄长 3~12 cm；花单生，花序梗长 2~5.5 cm；蓇果蓇葖状，腹缝开裂；种子三角状倒锥形，背面具横皱纹。花期 6~9 月，果期 7~10 月。

马蹄香叶片

马蹄香

马蹄香

马蹄香

分布

主要分布于中国江西、湖北、河南、陕西、甘肃、四川等地。河南境内分布于西峡、栾川、南阳和嵩县等地。

伴生植物

常与求米草[*Oplismenus undulatifolius* (Arduino) Beauv.]、银线草[*Chloranthus quadrifolius* (A.Gray) H.Ohba & S.Akiyama]、白花碎米荠[*Cardamine leucantha* (Tausch) O. E. Schulz]、活血丹[*Glechoma longituba* (Nakai) Kupr.]、透骨草[*Phryma leptostachya* subsp. *asiatica* (Hara)Kitamura]、凤仙花(*Impatiens balsamina* L.)伴生。

马蹄香生境

地形生境

常见于疏林或灌木林下、溪边、田埂边，生于伏牛山(嵩县段)杨山保护站海拔 900~1 200 m 林下，多株成片分布。

土壤生境

嵩县野生马蹄香土壤 pH 值为 6.11，呈弱酸性；土壤较干，含水率为 19.4%；土壤有效磷、有效钾含量分别为 34.82 mg/kg、29.78 mg/kg；土壤有机质含量为 91.28 g/kg。

马蹄香冠层结构

冠层生境

嵩县野生马蹄香为阴性植物。其透光比为 0.18 %；叶面积指数为 1.79；散射幅度为 0.28 kW/m^2；直射幅度较大，为 2.05 kW/m^2。

保护价值

药用价值：根状茎和根可入药，用于治疗胃寒痛、关节疼痛。

观赏价值：许多品种可作行道树或绿化树。

11. 紫斑牡丹 *Paeonia rockii* (S. G. Haw & Lauener) T. Hong & J. J. Li

芍药科 Paeoniaceae 芍药属 *Paeonia*

形态特征

落叶灌木；茎皮褐灰色；叶二或三回羽状复叶，叶柄长 10~15 cm，卵状披针形，长 2.5~11 cm，基部圆钝，先端渐尖，多全缘；花单朵顶生，直径达 19 cm；蓇葖果（幼）长椭圆形，长 2.5 cm，直径 1 cm。与牡丹的区别：花瓣内面基部具深紫色斑块。花期 4 月下旬至 5 月中旬。

紫斑牡丹叶片

紫斑牡丹茎

紫斑牡丹果

紫斑牡丹

紫斑牡丹生境

分布

主要分布于中国辽宁、河南、湖北、甘肃、陕西等地。

伴生植物

常与垂枝泡花树（*Meliosma flexuosa* Pamp.）、野艾蒿（*Artemisia lavandulifolia* Candolle）、露珠草（*Circaea cordata* Royle）、小花柳叶菜（*Epilobium parviflorum* Schreber.）、谷蓼（*Circaea erubescens* Franch. et Sav.）、香薷［*Elsholtzia ciliata* (Thunb.) Hyland.］、灯笼草［*Clinopodium polycepHalum* (Vaniot) C. Y. Wu et Hsuan ex P. S. Hsu］、小蓬草（*Erigeron canadensis* L.）等伴生。

地形生境

生于伏牛山（嵩县段）杨树岭保护站海拔 1 455m 处林下灌木丛中。

土壤生境

嵩县野生紫斑牡丹土壤 pH 值为 5.18，呈酸性；土壤较干，含水率为 13.37%；土壤有效磷、有效钾含量分别为 21.18 mg/kg、55.67 mg/kg；土壤有机质含量为 24.57 g/kg。

冠层生境

嵩县野生紫斑牡丹为耐阴植物。其透光比为 0.13%；叶面积指数较大，为 2.23；散射幅度为 0.23 kW/m^2；直射幅度为 1.03 kW/m^2。

紫斑牡丹冠层结构

保护价值

药用价值：根皮供药用，能清热凉血、活血散瘀、镇痛通经。

观赏价值：可作为观赏植物。

12. 杨山牡丹 *Paeonia ostii* T. Hong & J. X. Zhang.

芍药科 Paeoniaceae 芍药属 *Paeonia*

形态特征

别名：牡丹、凤丹。落叶灌木，高达 1.5 m；一年生枝黄绿色；叶为二回羽状复叶，长 5~15 cm，宽 2~5 cm，基部楔形或圆；花单生枝顶，单瓣，雄蕊多数，花药黄色，花丝紫红色，柱头紫红色；蓇葖果圆柱形，长 2~3.3 cm；种子黑色。花期 4 月中旬至 5 月上旬，果期 8~9 月。

杨山牡丹叶片

杨山牡丹生境

杨山牡丹

杨山牡丹花

分布

主要分布于中国河南、陕西、安徽、重庆、湖北等地。河南境内主要分布于嵩县、卢氏等地。

伴生植物

周围常见有灯笼草［*Clinopodium polycepHalum* (Vaniot) C. Y. Wu et Hsuan ex P. S. Hsu］、露珠草（*Circaea cordata* Royle）、细叶薹草［*Carex duriuscula* subsp. *stenophylloides*（V. I. Kreczetowicz）S. Yun Liang & Y. C. Tang］、赤瓟（*Thladiantha dubia* Bunge）、连翘［*Forsythia suspensa*（Thunb.）Vahl］等。

地形生境

生于伏牛山（嵩县段）杨山保护站海拔 1 200~1 500 m 处的林下。

土壤生境

嵩县野生杨山牡丹土壤 pH 值为 5.83，呈酸性；土壤较干，含水率为 17.77%；土壤有效磷、有效钾含量分别为 37.55 mg/kg、62.14 mg/kg；土壤肥力较高，有机质含量为 186.44 g/kg。

冠层生境

嵩县野生杨山牡丹为耐阴植物。其透光比为 0.04%；叶面积指数较大，为 5.75；散射幅度为 0.06 kW/m^2；直射幅度为 0.16 kW/m^2。

杨山牡丹冠层结构

保护价值

药用价值：干燥根皮为常用的中药材——丹皮，具有清热凉血、活血散瘀的功效。其主要成分牡丹酚有抗炎、镇静、镇痛、解痉等中枢抑制作用及抗动脉粥样硬化、利尿、抗溃疡等作用。

13. 矮牡丹 *Paeonia jishanensis* T. Hong & W. Z. Zhao.

芍药科 Paeoniaceae 芍药属 *Paeonia*

形态特征

落叶灌木，高达 2 m；老茎皮褐灰色，有纵纹，二年生枝灰色，皮孔黑色；叶为二回三出复叶，具 9 枚小叶，小叶圆形或卵圆形，长 2.5~5.5 cm；花单生枝顶；蓇葖果圆柱状，长 2~2.5 cm。与牡丹的区别：叶背面和叶轴均生短柔毛，顶生小叶宽卵圆形或近圆形。花期 4~5 月，果期 8~9 月。

矮牡丹叶片

矮牡丹

分布

主要分布于中国陕西等地。河南境内伏牛山、太行山有分布。

伴生植物

伴生植物常见有灯笼草［*Clinopodium polycepHalum* (Vaniot) C. Y. Wu et Hsuan ex P. S. Hsu］、野艾蒿（*Artemisia lavandulifolia* Candolle）、细叶薹草［*Carex duriuscula* subsp. *stenophylloides* (V. I. Kreczetowicz) S. Yun Liang & Y. C. Tang］、一年蓬［*Erigeron annuus* (L.) Pers.］等。

矮牡丹生境

地形生境

生于伏牛山（嵩县段）杨树岭保护站海拔 1 144 ~1 455 m 的林下。

土壤生境

嵩县野生矮牡丹土壤 pH 值为 5.52，呈酸性；土壤湿润，含水率为 25.08%；土壤有效磷、有效钾含量分别为 33.45 mg/kg、47.04 mg/kg；土壤肥力较高，有机质含量为 119.36 g/kg。

冠层生境

嵩县野生矮牡丹为耐阴植物。其透光比为 0.13 %；叶面积指数较大，为 2.22；散射幅度为 0.23 kW/m^2；直射幅度为 1.09 kW/m^2。

矮牡丹冠层结构

保护价值

药用价值：是重要的药用植物。

观赏价值：花色艳丽，花形优美，可作为观赏植物。

14. 中原牡丹 *Paeonia cathayana* D. Y. Hong & K. Y. Pan.

芍药科 Paeoniaceae 芍药属 *Paeonia*

形态特征

灌木，高约 0.8 m；叶无毛，顶生小叶长 8~10 cm，宽 7~9 cm，侧生小叶卵形或卵状披针形，长 4~7 cm，宽 2~4.5 cm，全缘或浅裂；花单瓣，玫瑰色，宽倒卵形，先端圆形，长 5~6 cm，宽 4~6 cm，花丝紫色，花药黄色；花盘紫色，柱头紫色。花期 4 月下旬至 5 月上旬。

中原牡丹叶片

中原牡丹花

分布

主要分布于中国河南、湖北。

伴生植物

伴生植物常见有长尾槭（*Acer caudatum* Wall.）、茶藨子（*Ribes janczewskii* Pojark.）、假升麻（*Aruncus sylvester* Kostel.）、金星蕨［*Parathelypteris glanduligera* (Kze.) Ching］等。

地形生境

生于伏牛山（嵩县段）杨树岭保护站海拔 1 206 m 处林下。

土壤生境

嵩县野生中原牡丹土壤 pH 值为 6.45，呈弱酸性；土壤较干，含水率为 13.32%；土壤有效磷、有效钾含量分别为 39.79 mg/kg、59.98 mg/kg；土壤有机质含量为 44.75g/kg。

冠层生境

嵩县野生中原牡丹为耐阴植物。其透光比为 0.13%；叶面积指数较大，为 2.41；散射幅度为 0.22 kW/m^2；直射幅度为 0.77 kW/m^2。

中原牡丹冠层结构

保护价值

药用价值：根加工制成的丹皮，是名贵的中草药。

观赏价值：一直是我国重要的园艺花卉，唐朝时已有系统的栽培技艺和观赏习俗。

15. 红景天 *Rhodiola rosea* L.

景天科 Crassulaceae 红景天属 *Rhodiola*

形态特征

别名：东疆红景天。多年生草本，根粗壮，直立；根颈短，顶端被鳞片；叶疏生，长圆形、椭圆状倒披针形或长圆状宽卵形，长 0.7~3.5 cm；花茎高达 30 cm；花序伞房状，多花密集；雌雄异株，蓇葖果披针形或线状披针形，直立，长 6~8 mm，喙长 1 mm；种子披针形，一侧有窄翅。花期 4~6 月，果期 7~9 月。

红景天叶片

红景天

红景天

红景天生境

分布

主要分布于中国新疆、山西、河北、吉林等地。河南境内伏牛山有分布。

伴生植物

伴生植物常见有宽叶薹草（*Carex siderosticta* Hance）、喜阴悬钩子（*Rubus mesogaeus* Focke）、箭竹（*Fargesia spathacea* Franch.）、败酱（*Patrinia scabiosifolia* Link）等。

地形生境

生于伏牛山（嵩县段）大青保护站海拔 900~2 100 m 山顶或近山顶的林下石缝中。

土壤生境

嵩县野生红景天土壤 pH 值为 6.01，呈酸性；土壤较干，含水率为 16.93%；土壤有效磷、有效钾含量较高，分别为 15.27 mg/kg、47.04 mg/kg；土壤有机质含量为 91.28 g/kg。

冠层生境

嵩县野生红景天为阴性植物。其透光比为 0.26%；叶面积指数较大，为 1.35；散射幅度为 0.41 kW/m^2；直射幅度为 1.20 kW/m^2。

红景天冠层结构

保护价值

药用价值：是一味用途广泛的重要中药，具有补气清肺、散瘀消肿等多种功效，亦可食用。

16. 云南红景天 *Rhodiola yunnanensis* (Franch.) S. H. Fu

景天科 Crassulaceae 红景天属 *Rhodiola*

形态特征

别名：肿果红景天、圆叶红景天、菱叶红景天。多年生草本，根茎直立；主轴粗，先端被卵状三角形的鳞片；3 叶轮生，稀对生，卵状披针形、椭圆形、卵状长圆形或宽卵形，长 4~7 cm，无柄；花茎单生或少数，无毛；聚伞圆锥花序，长 5~15 cm；雌雄异株，稀两性花；蓇葖果星芒状排列，长 3~3.2 mm；种子披针形，长 2 mm，宽 0.4 mm，有翅。花期 4~6 月，果期 7~9 月。

云南红景天叶片与柱头

云南红景天

分布

主要分布于中国西藏、云南、贵州、湖北、四川、重庆、河南等地。河南境内分布于卢氏、西峡、商城、嵩县。

伴生植物

伴生植物常见有蝎子草［*Girardinia diversifolia* subsp. *suborbiculata*（C. J. Chen）C. J. Chen & Friis］、菝葜（*Smilax china* L.）等。

云南红景天生境

地形生境

生于伏牛山（嵩县段）杨树岭保护站和龙池漫保护站海拔 900~1 700 m 常绿阔叶林中，多见于林下和岩石缝隙。

土壤生境

嵩县云南红景天土壤 pH 值为 5.62，呈酸性；土壤湿润，含水率为 41.55%；土壤有效磷、有效钾含量分别为 14.36 mg/kg、47.04 mg/kg；土壤有机质含量为 94.79 g/kg。

冠层生境

嵩县云南红景天为阴性植物。其透光比为 0.07 %；叶面积指数较大，为 2.92；散射幅度为 0.11 kW/m^2；直射幅度为 0.41 kW/m^2。

云南红景天冠层结构

保护价值

药用价值：有消炎、消肿功效，常用于跌打损伤。

17. 野大豆 *Glycine soja* Sieb. & Zucc.

豆科 Fabaceae 大豆属 *Glycine*

形态特征

别名：乌豆、野黄豆、白花宽叶蔓豆、白花野大豆、蟧豆、山黄豆、小落豆。一年生缠绕草本；根草质，侧根密生于主根上部；茎纤细，长 1~4 m；叶具 3 枚小叶，长达 14 cm；顶生小叶卵圆形或卵状披针形，长 3.5~6 cm，总状花序长约 10 cm；花小，长约 5 mm；荚果长圆形；种子椭圆形，稍扁。花期 7~8 月，果期 8~10 月。

野大豆叶片

野大豆果与茎

野大豆

分布

分布广泛，中国除新疆、青海、海南、香港、澳门外均有分布。

伴生植物

伴生植物常见有杠柳（*Periploca sepium* Bunge）、长冬草［*Clematis hexapetala* var. *tchefouensis* (Debeaux) S.Y.Hu］、野艾蒿（*Artemisia lavandulifolia* Candolle）、尼泊尔蓼［*Persicaria nepalensis* (Meisn.) H. Gross］等。

野大豆生境

地形生境

常见于潮湿的低洼湿地的矮灌木丛或芦苇丛中，生于伏牛山（嵩县段）杨山保护站海拔 724 m 杂木林下荫蔽处，地上匍匐生长。

土壤生境

嵩县野生野大豆土壤 pH 值为 7.15，呈弱碱性；土壤较干，含水率为 11.04%；土壤有效磷、有效钾含量分别为 25.47 mg/kg、27.62 mg/kg；土壤肥力较高，有机质含量为 132.75 g/kg。

冠层生境

嵩县野生野大豆为耐阴植物。其透光比为 0.02 %；叶面积指数较大，为 4.76；散射幅度为 0.03 kW/m^2；直射幅度为 0.22 kW/m^2。

野大豆冠层结构

保护价值

药用价值：具有补气血、利尿等功效，茎叶中含有一种对所有血型有凝集作用的植物血朊凝素。

食用价值：种子富含蛋白质、油脂，可供食用，制酱、酱油和豆腐等，还可榨油。豆粕更是优良饲料和肥料。

18. 红椿 *Toona ciliata* Roem.

楝科 Meliaceae 香椿属 *Toona*

形态特征

别名：双翅香椿、红楝子、赤昨工、毛红楝子、毛红椿、疏花红椿、滇红椿。大乔木，高可达 20 m；叶为偶数或奇数羽状复叶，叶柄长约为叶长的 1/4，圆柱形；圆锥花序顶生，被短硬毛或近无毛；花长约 5 mm，具短花梗。本变种与原变种的区别：叶轴及小叶背面被柔毛，脉上毛密；花瓣近卵状长圆形，花柱被长硬毛；蒴果顶端圆。花期 4~6 月，果期 10~12 月。

红椿腋芽

红椿

红椿

红椿

分布

主要分布于中国福建、江西、湖北、湖南、广东、海南、四川、贵州、云南等地。河南境内伏牛山有分布。

伴生植物

伴生植物常见有山茱萸（*Cornus officinalis* Sieb. & Zucc.）、柿（*Diospyros kaki* Thunb.）、白花泡桐［*Paulownia fortunei* (Seem.) Hemsl.］、红豆杉［*Taxus wallichiana* var. *chinensis* (Pilger) Florin］。

地形生境

见于伏牛山（嵩县段）杨山保护站海拔 813 m 光照充足处。

土壤生境

嵩县野生红椿土壤 pH 值为 7.33，呈弱碱性；土壤湿润，含水率为 25.16%；土壤有效磷、有效钾含量较高，分别为 198.91 mg/kg、105.28 mg/kg；土壤肥力较高，有机质含量为 147.45 g/kg。

冠层生境

嵩县野生红椿为阳性植物。其透光比为 0.28%；叶面积指数为 1.13；散射幅度为 0.36 kW/m^2；直射幅度较大，为 1.79 kW/m^2。

红椿冠层结构

保护价值

使用价值：纹理通直，结构细致，花纹美观，质地坚韧，防虫耐腐，干燥快，变形小，加工容易，承重性强，油漆及胶粘性能良好，是用途广泛的优良用材。其树皮含鞣质，可提制栲胶。

药用价值：有清热燥湿的功效，用于治疗咳嗽气喘、肺结核咯血。

19. 庙台槭 *Acer miaotaiense* P. C. Tsoong

无患子科 Sapindaceae 槭属 *Acer*

形态特征

别名：留坝槭。落叶大乔木，高达 25 m；树皮深灰色，小枝无毛；叶纸质，宽卵形，长 7~9 cm，宽 6~8 cm，先端骤短尖，基部心形，稀平截；花的特性未详；果序伞房状，长约 5 cm，无毛；翅果长 3~3.2 cm。花期 4 月，果期 9 月。

庙台槭叶片

庙台槭

庙台槭

庙台槭

分布

主要分布于中国河南、湖北、陕西、甘肃等地。

伴生植物

常与山白树（*Sinowilsonia henryi* Hemsl.）、异叶榕（*Ficus heteromorpha* Hemsl.）等混生。树下散生常见有龙牙草（*Agrimonia pilosa* Ldb.）、求米草［*Oplismenus undulatifolius* (Arduino) Beauv.］、马蹄香（*Saruma henryi* Oliv.）、棣棠［*Kerria japonica* (L.) DC.］、大叶铁线莲（*Clematis heracleifolia* DC.）、苎麻［*Boehmeria nivea* (L.) Gaudich.］等。

庙台槭生境

地形生境

生于伏牛山（嵩县段）大青保护站海拔 900~1 700 m 阳坡常绿阔叶林中。

土壤生境

嵩县庙台槭土壤 pH 值为 4.32，呈酸性；土壤较干，含水率为 9.79%；土壤有效磷、有效钾含量分别为 23 mg/kg、38.41 mg/kg；土壤有机质含量为 95.46 g/kg。

庙台槭冠层结构

冠层生境

嵩县庙台槭为阳性植物。其透光比为 0.07%；叶面积指数较大，为 4.08；散射幅度为 0.11 kW/m^2；直射幅度为 0.41 kW/m^2。

保护价值

使用价值：树皮、叶子和果实均可作为栲胶原料。

20. 中华猕猴桃 *Actinidia chinensis* Planch.

猕猴桃科 Actinidiaceae 猕猴桃属 *Actinidia*

形态特征

别名：猕猴桃、藤梨、羊桃藤、羊桃、阳桃、奇异果、几维果、井冈山猕猴桃。落叶藤本；幼枝被灰白色茸毛、褐色长硬毛或锈色硬刺毛，后脱落无毛；叶纸质，营养枝之叶宽卵圆形或椭圆形，基部楔状稍圆、平截至浅心形，叶柄长 3~6 cm，被灰白色或黄褐色毛；聚伞花序具花 1~3 朵，花序梗长 0.7~1.5 cm；果黄褐色，近球形。花期 4~6 月，果期 8~9 月。

中华猕猴桃叶片

中华猕猴桃

中华猕猴桃

中华猕猴桃生境

分布

广泛分布于中国江苏、浙江、安徽、福建、江西、河南、湖北、湖南、广东、广西、四川、贵州、云南、陕西、甘肃等地。河南境内主要分布于伏牛山和桐柏山。

伴生植物

伴生灌木常见有三桠乌药（*Lindera obtusiloba* Bl.）、微毛樱桃［*Prunus clarofolia* (Schneid.) Yü et Li］、枳椇（*Hovenia acerba* Lindl.）、白蜡树（*Fraxinus chinensis* Roxb.）等。散生常见有黄连木（*Pistacia chinensis* Bunge）、蒙古蒿［*Artemisia mongolica* (Fisch. ex Bess.) Nakai］、变豆菜（*Sanicula chinensis* Bunge）、草地老鹳草（*Geranium pratense* L.）等。

地形生境

多见于伏牛山（嵩县段）龙池漫保护站和大青保护站海拔 800~1 200 m 的山腰阳坡，多生于林间间隙或林窗地。

土壤生境

嵩县野生中华猕猴桃土壤 pH 值为 7.42，呈弱碱性；土壤湿润，含水率为 39.89%；土壤有效磷、有效钾含量分别为 44.36 mg/kg、34.09 mg/kg；土壤肥力较高，有机质含量为 266.81 g/kg。

冠层生境

嵩县野生中华猕猴桃为阴性植物。其透光比为 0.13%；叶面积指数较大，为 2.78；散射幅度为 0.24 kW/m^2；直射幅度为 0.84 kW/m^2。

中华猕猴桃冠层结构

保护价值

药用价值：可入药，性寒苦涩，具有活血化瘀、清热解毒、利湿祛风的功效，用于治疗乳腺癌、胃癌、跌打损伤、淋巴结核、水肿等多种病症。

食用价值：富含维生素 C 、氨基酸和多种矿物质，具有丰富的营养价值，口感甜酸可口，可加工成各种食品和饮料，经济价值巨大。

21. 软枣猕猴桃 *Actinidia arguta* (Sieb. et Zucc.) Planch. ex Miq.

猕猴桃科 Actinidiaceae 猕猴桃属 *Actinidia*

形态特征

别名：软枣子、紫果猕猴桃、心叶猕猴桃。落叶藤本；幼枝疏被毛，后脱落；叶膜质，宽椭圆形或宽倒卵形，叶柄长 2~8 cm；腋生聚伞花序具 3~6 朵花；果柄长 1.5~2.2 cm，果实球形、椭圆形或长圆形，长 2~3 cm，直径约 1.8 cm。本变种与模式变种的区别：叶纸质，卵形或长圆形，锯齿浅圆，齿尖常内弯；花药黑色；果柱状卵圆形，熟时紫红色。花期 6~7 月，果期 9 月。

软枣猕猴桃叶片

软枣猕猴桃

软枣猕猴桃枝与叶片

软枣猕猴桃生境

分布

广泛分布于中国北京、天津、河北、山西、辽宁、吉林、黑龙江、江苏、浙江、安徽、福建、江西、山东、河南、湖北、湖南、广西、重庆、四川、贵州、云南、陕西、甘肃、台湾等地。河南境内分布于伏牛山、桐柏山。

伴生植物

伴生植物常见有长尾槭（*Acer caudatum* Wall.）、东陵绣球（*Hydrangea bretschneideri* Dippel）、栒子（*Cotoneaster hissaricus* Pojark.）、大戟（*Euphorbia pekinensis* Rupr.）、龙牙草（*Agrimonia pilosa* Ldb.）等。

地形生境

见于伏牛山（嵩县段）龙池漫保护站和木札岭保护站海拔 1 800~2 000 m 的混交林或水分充足的杂木林中。

土壤生境

嵩县野生软枣猕猴桃土壤 pH 值为 5.52，呈酸性；土壤湿润，含水率为 50.86%；土壤有效磷、有效钾含量分别为 14.05 mg/kg、75.08 mg/kg；土壤肥力较高，有机质含量为 375.42 g/kg。

软枣猕猴桃冠层结构

冠层生境

嵩县野生软枣猕猴桃为阴性植物。其透光比为 0.43%；叶面积指数为 0.79；散射幅度为 0.66 kW/m^2；直射幅度较大，为 3.96 kW/m^2。

保护价值

食用价值：果实营养丰富，含有 20 多种氨基酸和多种维生素，维生素 C 含量是其他水果的几十倍，是开发功能保健食品的绝佳原料。

22. 紫椴 *Tilia amurensis* Rupr.

锦葵科 Malvaceae 椴属 *Tilia*

形态特征

别名：籽椴、裂叶紫椴。大乔木，高 25 m；幼枝有白丝毛，顶芽无毛；叶宽卵形，长 4.5~6 cm，宽 4~5.5 cm，先端尖，基部心形，叶柄长 2~3.5 cm；聚伞花序长 3~5 cm；果卵圆形，长 5~8 mm。花期 7 月。

紫椴叶片和花

紫椴

紫椴树干与树皮

紫椴

分布

主要分布于中国黑龙江、吉林和辽宁等地。河南境内伏牛山、太行山有分布。

伴生植物

主要生长在混交林中，与照山白（*Rhododendron micranthum* Turcz.）、青榨槭（*Acer davidi* Franch.）、华山松（*Pinus armandi* Franch.）等混交成林。林下草本常见有绣线菊（*Spiraea salicifolia* L.）等。

紫椴生境

地形生境

见于伏牛山（嵩县段）杨山保护站海拔 1 300~1 600 m 光照充足的山顶缓坡处，数株成群生于针叶混交林中。

土壤生境

嵩县野生紫椴土壤 pH 值为 5.02，呈酸性；土壤湿润，含水率为 20.57%；土壤有效磷、有效钾含量分别为 37.09 mg/kg、70.77 mg/kg；土壤有机质含量为 74.58 g/kg。

冠层生境

嵩县野生紫椴为耐阴植物。其透光比为 0.14%；叶面积指数较大，为 2.20；散射幅度为 0.24 kW/m^2；直射幅度为 1.81 kW/m^2。

紫椴冠层结构

保护价值

药用价值：花可入药，花蜜营养丰富，是良好的蜜源植物。

使用价值：紫椴木材纹理通直细腻，是良好的用材和造纸原料。

23. 竹节参 *Panax japonicus* (T. Nees) C. A. Meyer.

五加科 Araliaceae 人参属 *Panax*

形态特征

多年生草本，高达 1 m；根茎竹鞭状，肉质；掌状复叶 3~5 枚轮生茎端，叶柄长 8~11 cm；伞形花序单生茎顶，具 50~80 朵花，花序梗长 12~21 cm，无毛或稍被柔毛；果近球形，直径 5~7 mm，红色；种子白色，卵球形，长 3~5 mm，直径 2~4 mm。花期 5~6 月，果期 7~9 月。

竹节参果

竹节参

分布

主要分布于中国安徽、甘肃、广西、贵州、黑龙江、湖北、湖南、江西、陕西、四川、西藏、云南、浙江、重庆等地。河南境内伏牛山有分布。

伴生植物

伴生植物常见有华南鳞盖蕨（*Microlepia hancei* Prantl）、宽叶薹草（*Carex siderosticta* Hance）、风毛菊［*Saussurea japonica* (Thunb.) DC.］、糙叶五加（*Eleutherococcus henryi* Oliver）。

地形生境

生于伏牛山（嵩县段）木札岭保护站海拔 1 814 m 水分充足的杂木林下。

土壤生境

嵩县野生竹节参土壤 pH 值为 6.1，呈酸性；土壤较干，含水率为 10.82%；土壤有效磷、有效钾含量分别为 34.09 mg/kg、38.41 mg/kg；土壤肥力较高，有机质含量为 119.36 g/kg。

冠层生境

嵩县野生竹节参为阴性植物。其透光比为 0.28 %；叶面积指数为 1.17；散射幅度为 0.43 kW/m^2；直射幅度较大，为 1.42 kW/m^2。

竹节参冠层结构

保护价值

药用价值：是一种名贵药材，其根茎可入药，含皂苷类成分，有强壮滋补的功效，可抗炎、降血糖、延缓衰老，还可作兴奋剂和祛痰药。

24. 疙瘩七 *Panax bipinnatifidus* Seemann.

五加科 Araliaceae 人参属 *Panax*

形态特征

别名：竹节三七、花叶三七、扣子七。根状茎长，匍匐，稀疏串珠状；根纤维状，不膨大成肉质。茎高 30~50cm。掌状复叶 3~6 枚，轮生茎顶；伞形花序单个顶生，其下偶有一至数个侧生小伞形花序。果扁球形，成熟时红色，先端有黑点。

疙瘩七叶片

疙瘩七根

疙瘩七

疙瘩七

分布

主要分布于中国云南、四川、贵州、陕西、甘肃、湖北、河南及西藏等地。河南境内伏牛山区有分布。

伴生植物

伴生植物常见有大三叶升麻［*Actaea heracleifolia* (Kom.) J. Compton］、斑叶堇菜（*Viola variegata* Fisch ex Link）、中华金腰（*Chrysosplenium sinicum* Maxim.）、荚果蕨［*Matteuccia struthiopteris* (L.) Todaro］、南蛇藤（*Celastrus orbiculatus* Thunb.）等。

地形生境

见于伏牛山（嵩县段）杨树岭保护站和木札岭保护站海拔 1 800~2 200 m 的林下。

土壤生境

嵩县野生疙瘩七土壤 pH 值为 6.35，呈酸性；土壤较干，含水率为 11.85%；土壤有效磷、有效钾含量分别为 29.52 mg/kg、44.88 mg/kg；土壤有机质含量为 91.28 g/kg。

冠层生境

嵩县野生疙瘩七为阴性植物。其透光比为 0.37 %；叶面积指数为 0.85；散射幅度为 0.49 kW/m^2；直射幅度较大，为 2.91 kW/m^2。

疙瘩七冠层结构

保护价值

药用价值：有疗伤止血、补肺养阴的功效，主要用于跌打损伤、外伤出血、腰腿疼痛、月经不调。

25. 山茴香 *Carlesia sinensis* Dunn

伞形科 Apiaceae 山茴香属 *Carlesia*

形态特征

别名：岩茴香。多年生草本，高达30 cm；根圆锥形；茎有分枝；基生叶多数，三回羽裂，小裂片线形，有叶鞘，茎生叶二至三回羽裂，裂片线形；复伞形花序顶生与腋生，总苞片数枚，线形，长5~8 mm，宽约1 mm；花白色，有短柄；果长倒卵形或长椭圆状卵形，每棱槽3条油管，胚乳腹面平直。花果期7~9月。

山茴香叶片

山茴香

分布

主要分布于中国山东、辽宁等地。河南境内伏牛山有分布。

伴生植物

伴生植物常见有鬼针草（*Bidens pilosa* L.）、照山白（*Rhododendron micranthum* Turcz.）、三裂绣线菊（*Spiraea trilobata* L.）、北柴胡（*Bupleurum chinensis* DC.）、华北耧斗菜（*Aquilegia yabeana* Kitag.）、卷柏［*Selaginella tamariscina* (P. Beauv.) Spring］等。

地形生境

生长于伏牛山龙池漫保护站海拔 1 700~1 900 m 山顶或近山顶处的山峰岩缝中。

山茴香生境

土壤生境

嵩县野生山茴香土壤 pH 值为 5.51，呈酸性；土壤湿润，含水率为 21.06%；土壤有效磷、有效钾含量分别为 15.62 mg/kg、23.31 mg/kg；土壤有机质含量为 18.64 g/kg。

冠层生境

嵩县野生山茴香为阴性植物。其透光比为 0.18 %；叶面积指数为 1.60；散射幅度为 0.21 kW/m^2；直射幅度较大，为 2.52 kW/m^2。

山茴香冠层结构

保护价值

药用价值：根可入药，味甘性温，具有温中散寒、祛风下气、活血止痛、健胃止痢等功效，可用于治疗脘腹胀满、痢疾泄泻等症。

食用价值：嫩叶可食用，全草可作香料使用。

26. 水曲柳 *Fraxinus mandshurica* Rupr.

木樨科 Oleaceae 梣属 *Fraxinus*

形态特征

落叶大乔木，高达 30 m 以上；树皮厚，灰褐色，纵裂；小枝粗壮，黄褐色至灰褐色，四棱形；叶痕节状隆起，半圆形，羽状复叶长 25~40 cm，叶柄长 6~8 cm；圆锥花序生于去年生枝上，长 15~20 cm；雄花与两性花异株，均无花冠也无花萼；翅果大而扁，长圆形至倒卵状披针形，长 3~3.5 cm，宽 6~9 mm。花期 4 月，果期 8~9 月。

水曲柳叶片

水曲柳

水曲柳

水曲柳生境

分布

主要分布在中国黑龙江、吉林、辽宁、河南、山西、陕西等地，分布广泛但不连续。河南境内主要分布于嵩县。

伴生植物

水曲柳林下常见有长尾槭（*Acer caudatum* Wall.）、茶藨子（*Ribes janczewskii* Pojark.）、假升麻（*Aruncus sylvester* Kostel.）、金星蕨［*Parathelypteris glanduligera* (Kze.) Ching］、中华金腰（*Chrysosplenium sinicum* Maxim.）、荚果蕨［*Matteuccia struthiopteris* (L.) Todaro］、南蛇藤（*Celastrus orbiculatus* Thunb.）等。

地形生境

数株成片生于伏牛山（嵩县段）杨树岭保护站、龙池漫保护站和大青保护站海拔 1 000~1 600 m 的山坡疏林中。

土壤生境

嵩县野生水曲柳土壤 pH 值为 6.19，呈酸性；土壤湿润，含水率为 22.66%；土壤有效磷、有效钾含量分别为 48.91 mg/kg、72.92 mg/kg；土壤有机质含量为 94.46 g/kg。

冠层生境

嵩县野生水曲柳为阳性植物，其透光比为 0.19%；叶面积指数较大，为 1.67；散射幅度为 0.28 kW/m^2；直射幅度为 1.59 kW/m^2。

水曲柳冠层结构

保护价值

药用价值：树皮可入药，用于治疗结核、外伤。水曲柳乙醇提取物有明显的镇痛、抗炎作用。水曲柳中的香豆素成分具有防治病虫害的作用，可作驱虫剂，还具有免疫、抗菌、抗氧化、抗过敏等功能。

使用价值：其木材坚硬致密，纹理美观，材质优良，是应用广泛的高级用材。

27. 香果树 *Emmenopterys henryi* Oliv.

茜草科 Rubiaceae 香果树属 *Emmenopterys*

形态特征

别名：茄子树、水冬瓜、大叶水桐子、丁木。常绿乔木，高达 50 m；一年生枝淡黄灰色、淡黄色或淡褐黄色，二、三年生枝淡黄灰色或灰色；叶在枝上列成两列或近两列状，条形，果枝之叶先端尖或钝，树脂道中生或近中生，营养枝及幼树的叶较长；球果圆柱形或卵状圆柱形，长 7~11 cm，直径 3~4 cm，近无梗。花期 6~8 月，果期 8~11 月。

香果树叶片

香果树

香果树

香果树生境

分布

主要分布于中国江苏、安徽、浙江、福建、江西、湖南、湖北、贵州、广西、云南、四川、陕西和河南等地。河南境内在鸡公山、桐柏山、伏牛山有分布。

伴生植物

常生长于常绿、落叶阔叶混交林内，常与山白树（*Sinowilsonia henryi* Hemsl.）、锐齿槲栎（*Quercus aliena* var. *acutiserrata* Maximowicz ex Wenzig）、榉树［*Zelkova serrata* (Thunb.) Makino］等混生。

地形生境

多生于伏牛山（嵩县段）杨树岭保护站海拔 1 000 m 的杂木林中。

土壤生境

嵩县野生香果树土壤 pH 值为 6.11，呈酸性；土壤湿润，含水率为 20.5%；土壤有效磷、有效钾含量分别为 37.44 mg/kg、68.61 mg/kg；土壤肥力较高，有机质含量为 147.45 g/kg。

冠层生境

嵩县野生香果树为阳性植物。其透光比为 0.17 %；叶面积指数较大，为 1.85；散射幅度为 0.26 kW/m^2；直射幅度为 1.50 kW/m^2。

香果树冠层结构

保护价值

观赏价值：香果树树干高耸，树姿优美，花大而美丽，可作庭园观赏树。

使用价值：树皮纤维柔细，是制蜡纸及人造棉的原料。木材纹理直，结构细，可供制家具和建筑用。耐涝，可作固堤植物。

28. 华重楼 *Paris polyphylla* var. *chinensis* (Franch.) Hara

藜芦科 Melanthiaceae 重楼属 *Paris*

形态特征

草本；叶 5~8 枚，轮生，通常 7 枚，倒卵状披针形、矩圆状披针形或倒披针形，基部通常楔形；内轮花被片狭条形，通常中部以上变宽，宽 1~1.5 mm，长 1.5~3.5 cm，长为外轮的 1/3 至近等长或稍超过。花期 5~7 月，果期 8~10 月。

华重楼叶片

华重楼

分布

主要分布于中国浙江、江西、福建、台湾、湖北、湖南、广东、广西、四川、贵州和云南等地。

伴生植物

伴生植物常见有大三叶升麻[*Actaea heracleifolia* (Kom.) J. Compton]、斑叶堇菜(*Viola variegata* Fisch ex Link)、野菊(*Chrysanthemum indicum* L.)、五味子[*Schisandra chinensis* (Turcz.) Baill.]。

华重楼生境

地形生境

见于伏牛山(嵩县段)龙池漫保护站海拔 1 496 m 的岩石下。

土壤生境

嵩县野生华重楼土壤 pH 值为 5.62，呈酸性；土壤较干，含水率为 16.04%；土壤有效磷、有效钾含量分别为 10.86 mg/kg、77.24 mg/kg；土壤肥力较高，有机质含量为 167.11 g/kg。

冠层生境

嵩县野生华重楼为阴性植物。其透光比为 0.09 %；叶面积指数较大，为 2.76；散射幅度为 0.15 kW/m^2；直射幅度为 0.5 kW/m^2。

华重楼冠层结构

保护价值

药用价值：是重要的药用植物，具有清热解毒、消肿止疼、息风定惊、平喘止咳等功效，对蛇虫咬伤、疔疮痈肿疗效显著，还具有抗癌作用。

29. 狭叶重楼 *Paris polyphylla* var. *stenophylla* Franch.

藜芦科 Melanthiaceae 重楼属 *Paris*

形态特征

本变种的主要特征是叶10~15枚，稀22枚，长9~13 cm，宽1~3 cm；花基数4~7，雄蕊2轮，花瓣丝状，比萼片长，雄蕊长达1.5 cm，药隔突出部分不明显。花期6~8月，果期9~10月。

狭叶重楼果

狭叶重楼叶片与果

分布

主要分布于中国台湾、四川、贵州、云南、西藏、广西、湖北、湖南、福建、江西、浙江、江苏、安徽、山西、陕西和甘肃等地。河南境内伏牛山有分布。

伴生植物

伴生植物常见有山桐子(*Idesia polycarpa* Maxim.)、金星蕨[*Parathelypteris glanduligera* (Kze.) Ching]、细叶薹草[*Carex duriuscula* subsp. *stenophylloides* (V. I. Kreczetowicz) S. Yun Liang & Y. C. Tang]等。

狭叶重楼生境

地形生境

生长于林下或草丛阴湿处，常生于铁杉林、云杉林、松林、常绿阔叶林、苔藓林、竹林、灌丛、石岩地、荒山坡等处，伏牛山（嵩县段）杨山保护站海拔 700~1 900 m 的林荫下。

土壤生境

嵩县野生狭叶重楼土壤 pH 值为 4.46，呈酸性；土壤湿润，含水率为 40.52%；土壤有效磷、有效钾含量分别为 6.64 mg/kg、40.57 mg/kg；土壤肥力较高，有机质含量为 160.34 g/kg。

狭叶重楼冠层结构

冠层生境

嵩县野生狭叶重楼为阴性植物。其透光比为 0.17%；叶面积指数较大，为 1.68；散射幅度为 0.24 kW/m^2；直射幅度为 1.55 kW/m^2。

保护价值

药用价值：根茎可入药，微毒，具有清热解毒、活血散瘀、平喘止咳、接骨等功效。常用于治疗咽喉肿痛、小儿惊风、凉肝、抽搐、痈疖、流行性腮腺炎等病症。

30. 宽叶重楼 *Paris polyphylla* var. *latifolia* Wang et Chang

藜芦科 Melanthiaceae 重楼属 *Paris*

形态特征

本变种与狭叶重楼的主要区别：叶倒卵形、披针形或宽披针形，长 12~15 cm，宽 2~4 cm；幼果有疣状突起，成熟后更明显。花期 6~7 月，果期 9~10 月。

宽叶重楼柱头

宽叶重楼

宽叶重楼

宽叶重楼生境

分布

主要分布于中国山西、陕西、河南、甘肃和安徽等地，生长于海拔 1 000~2 300 m 的山地，多生长于山坡林下。

伴生植物

伴生植物常见有山桐子（*Idesia polycarpa* Maxim.）、金星蕨［*Parathelypteris glanduligera* (Kze.) Ching］、细叶薹草［*Carex duriuscula* subsp. *stenophylloides*（V. I. Kreczetowicz）S. Yun Liang & Y. C. Tang］、龙牙草（*Agrimonia pilosa* Ldb.）、求米草［*Oplismenus undulatifolius* (Arduino) Beauv.］等。

地形生境

生于伏牛山（嵩县段）大青保护站海拔 783 m 林荫下。

土壤生境

嵩县野生宽叶重楼土壤 pH 值为 5.02，呈酸性；土壤湿润，含水率为 24.58%；土壤有效磷、有效钾含量分别为 14.36 mg/kg、47.04 mg/kg；土壤有机质含量为 95.33 g/kg。

冠层生境

嵩县野生宽叶重楼为阴性植物。其透光比为 0.24%；叶面积指数为 1.50；散射幅度为 0.41 kW/m^2；直射幅度较大，为 2.62 kW/m^2。

宽叶重楼冠层结构

保护价值

药用价值：根茎可入药，药效显著。

31. 荞麦叶大百合 *Cardiocrinum cathayanum* (E. H. Wilson) Stearn

百合科 Liliaceae 大百合属 *Cardiocrinum*

形态特征

茎高达 1.5 m，直径 1~2 cm；叶纸质，卵状心形或卵形，长 10~22cm，宽 6~16cm，基部心形，具网状脉，叶柄长 6~20cm，基部宽；花梗粗短，每花具 1 枚苞片，苞片长圆状披针形，长 4~5.5cm；蒴果近球形，长 4~5cm，成熟时红棕色。花期 7~8 月，果期 8~9 月。

荞麦叶大百合果

荞麦叶大百合

荞麦叶大百合生境

荞麦叶大百合生境

分布

主要分布于中国浙江、安徽、江西、福建、湖北、湖南、河南、江苏等地。

伴生植物

伴生植物常见有常春藤［*Hedera nepalensis* var. *sinensis*（Tobl.）Rehd.］、斑地锦草（*EupHorbia maculata* L.）、山梅花（*Philadelphus incanus* Koehne）、粗榧［*Cephalotaxus sinensis*（Rehder & E. H. Wilson）H. L. Li］、五角槭［*Acer pictum* subsp. mono（Maxim.）H. Ohashi］、接骨木（*Sambucus williamsii* Hance）、大叶榉树（*Zelkova schneideriana* Hand.-Mazz.）、求米草［*Oplismenus undulatifolius*（Arduino）Beauv.］、薜荔（*Ficus pumila* L.）等。

地形生境

生于伏牛山（嵩县段）龙池漫保护站、大青保护站海拔 1 000~1 300 m 林荫下。

土壤生境

嵩县野生荞麦叶大百合土壤 pH 值为 5.5，呈酸性；土壤湿润，含水率为 32.82%；土壤有效磷、有效钾含量分别为 37.09 mg/kg、66.45 mg/kg；土壤肥力较高，有机质含量为 249.83 g/kg。

冠层生境

嵩县野生荞麦叶大百合为耐阴植物。其透光比为 0.07%；叶面积指数较大，为 3.10；散射幅度为 0.11 kW/m^2；直射幅度为 0.57 kW/m^2。

荞麦叶大百合冠层结构

保护价值

药用价值：果实可入药，具有清肺、平喘、止咳的功效。鳞茎具有清肺止咳、解毒、散瘀的功效。

32. 乳头百合 *Lilium papilliferum* Franch.

百合科 Liliaceae 百合属 *Lilium*

形态特征

茎高达 1.5 m，直径 1~2 cm；叶纸质，卵状心形或卵形，长 10~22 cm，宽 6~16 cm，基部心形，具网状脉，叶柄长 6~20 cm，基部宽；花梗粗短，每花具 1 枚苞片，苞片长圆状披针形，长 4~5.5 cm；蒴果近球形，长 4~5 cm，成熟时红棕色。花期 7 月，果期 9 月。

乳头百合

分布

主要分布于中国云南、四川和陕西等地。河南境内伏牛山有分布。

伴生植物

伴生植物常见有钩齿溲疏（*Deutzia baroniana* Diels）、三裂绣线菊（*Spiraea trilobata* L.）、野菊（*Chrysanthemum indicum* L.）、独蒜兰［*Pleione bulbocodioides* (Franch.) Rolfe］等。

地形生境

多生于伏牛山（嵩县段）杨山保护站海拔 1 400 m 的落叶阔叶林下。

土壤生境

嵩县野生乳头百合土壤 pH 值为 7.09，呈弱碱性。土壤湿润，含水率为 24.33%。土壤有效磷含量为 62.09 mg/kg；有效钾含量较高，为 94.50 mg/kg。土壤有机质含量为 91.28 g/kg。

乳头百合冠层结构

冠层生境

嵩县野生乳头百合为阴性植物。其透光比为 0.10%；叶面积指数较大，为 2.83；散射幅度为 0.17 kW/m^2；直射幅度为 0.83 kW/m^2。

保护价值

药用价值：茎可用于治疗肺结核、气管炎。

33. 川贝母 *Fritillaria cirrhosa* D. Don

百合科 Liliaceae 贝母属 *Fritillaria*

形态特征

别名：卷叶贝母。植株高达 60 cm；鳞茎球形或宽卵圆形，直径 1~2 cm；叶常对生，少数在中、上部兼有散生或 3~4 枚轮生，线形或线状披针形，长 4~12 cm，宽 3~5 mm；离花被片基部 4~8 mm，花丝无小乳突或稍具乳突；蒴果棱上具窄翅。花期 5~7 月。

川贝母叶片

川贝母叶片与茎

分布

主要分布于中国西藏、云南、四川、青海、陕西和山西等地。河南境内伏牛山有分布。

伴生植物

伴生植物常见有五味子［*Schisandra chinensis*（Turcz.）Baill.］、三叶木通［*Akebia trifoliata*（Thunb.）Koidz.］、小叶菝葜（*Smilax microphylla* C. H. Wright）、茜草（*Rubia cordifolia* L.）、求米草［*Oplismenus undulatifolius* (Arduino) Beauv.］、灰叶稠李（*Prunus grayana* Maxim.）、青榨槭（*Acer davidii* Franch.）、连翘［*Forsythia suspensa*（Thunb.）Vahl］等。

川贝母生境

地形生境

见于伏牛山（嵩县段）龙池漫保护站、杨山保护站海拔 1 100~1 300m 林下石缝间。

土壤生境

嵩县野生川贝母土壤 pH 值为 5.77，呈酸性。土壤湿润，含水率为 35.71%。土壤有效磷含量为 51.18 mg/kg；有效钾含量较高，为 103.12 mg/kg。土壤肥力较高，有机质含量为 252.77 g/kg。

冠层生境

嵩县野生川贝母为耐阴植物。其透光比为 0.56 %；叶面积指数为 0.44；散射幅度为 0.82 kW/m^2；直射幅度较大，为 4.43 kW/m^2。

川贝母冠层结构

保护价值

药用价值：一直是名贵中药材，具有润肺止咳的功效，是制作多种药物的原料。

34. 太白贝母 *Fritillaria taipaiensis* P. Y. Li

百合科 Liliaceae 贝母属 *Fritillaria*

形态特征

植株高达 50 cm，栽培时可更高；茎生叶 5~10 枚，栽培植株多达 20 枚，对生，中部兼有轮生或散生，线形或线状披针形，长 7~13 cm，宽 2~8 cm；花 1~2 朵，栽培时可多达 8 朵，钟形，黄绿色具紫色斑点，紫色斑点密集成片状，花被片紫色，具黄褐色斑；蒴果棱上具翅。花期 5~6 月。

太白贝母果

太白贝母

太白贝母

太白贝母生境

分布

主要分布于中国陕西、甘肃等地。河南境内伏牛山有分布。

伴生植物

伴生植物常见有钩齿溲疏（*Deutzia baroniana* Diels）、三裂绣线菊（*Spiraea trilobata* L.）、三叶木通［*Akebia trifoliata*（Thunb.）Koidz.］、小叶菝葜（*Smilax microphylla* C. H. Wright）、茜草（*Rubia cordifolia* L.）等。

地形生境

多生于伏牛山（嵩县段）杨山保护站海拔 1 200 m 的林下。

土壤生境

嵩县野生太白贝母土壤 pH 值为 5，呈酸性；土壤湿润，含水率为 50%；土壤有效磷、有效钾含量较高，分别为 20 mg/kg、84 mg/kg；土壤肥力较高，有机质含量为 385 g/kg。

太白贝母冠层结构

冠层生境

嵩县野生太白贝母为耐阴植物。其透光比为 0.25%；叶面积指数为 1.26；散射幅度为 0.33 kW/m^2；直射幅度较大，为 1.91 kW/m^2。

保护价值

药用价值：具有化痰润肺、止咳平喘、消痈散结等功效，主要用于肺热咳嗽、支气管炎、肺阴虚等症。还具有抗菌、抗炎、镇静、镇痛、增加心血管活性、抗血小板聚集、促进溃疡愈合、抗肿瘤等作用。

35. 毛杓兰 *Cypripedium franchetii* E. H. Wilson

兰科 Orchidaceae 杓兰属 *Cypripedium*

形态特征

植株高达 35 cm；茎直立，密被长柔毛，上部毛更密；叶 3~5 枚，椭圆形或卵状椭圆形，长 10~16 cm，两面脉疏被短柔毛；花序顶生，具 1 朵花，花序梗密被长柔毛，花淡紫红色或粉红色，有深色脉纹，基部具短耳，花丝短。花期 5~7 月。

毛杓兰

分布

主要分布于中国甘肃、山西、陕西、河南、湖北和四川等地。

伴生植物

伴生植物常见有钩齿溲疏（*Deutzia baroniana* Diels）、三裂绣线菊（*Spiraea trilobata* L.）、野菊（*Chrysanthemum indicum* L.）、乳头百合（*Lilium papilliferum* Franch.）。

地形生境

生于疏林下或灌木林中湿润、腐殖质丰富和排水良好的地方。见于伏牛山（嵩县段）龙池漫海拔 1 000 m 林下石缝处。

土壤生境

嵩县野生毛杓兰土壤 pH 值为 6.5，呈弱酸性；土壤较干，含水率为 15.62%；土壤有效磷、有效钾含量分别为 46.94 mg/kg、34.1 mg/kg；土壤肥力较高，有机质含量为 147.45 g/kg。

冠层生境

嵩县野生毛杓兰为耐阴植物。其透光比为 0.08 %；叶面积指数较大，为 2.71；散射幅度为 0.12 kW/m^2；直射幅度为 0.41 kW/m^2。

毛杓兰冠层结构

保护价值

药用价值：作为中药有活血消肿、止咳止痛的作用，用于治疗气滞咳嗽、胸胁疼痛、跌打损伤。

36. 大花杓兰 *Cypripedium macranthos* Sw.

兰科 Orchidaceae 杓兰属 *Cypripedium*

形态特征

别名：狗匏子。植株高达 50 cm；茎直立，稍被短柔毛或无毛；叶 3~4 枚，椭圆形或椭圆状卵形，两面脉上略被短柔毛或无毛；花序顶生，具 1 朵花，极稀 2 朵花，花序梗被短柔毛或无毛，花紫色、红色或粉红色，常有暗色脉纹，极稀白色；蒴果窄椭圆形。花期 6~7 月，果期 8~9 月。

大花杓兰叶片

大花杓兰

分布

主要分布于中国吉林、河北、山西等地。河南境内伏牛山有分布。

伴生植物

伴生植物常见有牛扁（*Aconitum barbatum* var. *puberulum* Ledeb.）、茶藨子（*Ribes janczewskii* Pojark.）等。

地形生境

见于伏牛山（嵩县段）木札岭保护站海拔 1 200 m 左右山腰及杨山保护站海拔 1 800 m 以上山顶处。

大花杓兰生境

土壤生境

嵩县野生大花杓兰土壤 pH 值为 5，呈酸性；土壤湿润，含水率为 50%；土壤有效磷、有效钾含量较高，分别为 20 mg/kg、84 mg/kg；土壤肥力较高，有机质含量为 385 g/kg。

冠层生境

嵩县野生大花杓兰为耐阴植物。其透光比为 0.09%；叶面积指数较大，为 3.02；散射幅度为 0.14 kW/m^2；直射幅度为 0.07 kW/m^2。

大花杓兰冠层结构

保护价值

药用价值：是一味中药，具有利尿消肿、活血祛瘀、祛风镇痛的功效，用于治疗全身浮肿、小便不利、风湿腰腿痛、跌打损伤、痢疾等症。

37. 独花兰 *Changnienia amoena* S. S. Chien

兰科 Orchidaceae 独花兰属 *Changnienia*

形态特征

地生草本；假鳞茎近椭圆形或宽卵球形，淡黄白色，被膜质鞘；叶 1 枚，宽卵状椭圆形，叶柄长 3.5~8 cm；花葶生于假鳞茎顶端，长达 17 cm，紫色，具 2 枚鞘；花单朵，顶生，白色，带肉红色或淡紫色晕，唇瓣有紫红色斑点。花期 4 月。

独花兰叶片

独花兰

分布

主要分布于中国江苏、安徽、浙江、江西、湖北、湖南和四川等地。

伴生植物

伴生植物常见有接骨木（*Sambucus williamsii* Hance）、连翘［*Forsythia suspensa* (Thunb.) Vahl］等。

地形生境

见于伏牛山（嵩县段）杨山保护站海拔 1 296 m 的杂木林中。

独花兰生境

土壤生境

嵩县野生独花兰土壤 pH 值为 6.78，呈弱酸性；土壤湿润，含水率为 41.38%；土壤有效磷、有效钾含量分别为 56.64 mg/kg、72.92 mg/kg；土壤肥力较高，有机质含量为 154.47 g/kg。

冠层生境

嵩县野生独花兰为耐阴植物。其透光比为 0.24%；叶面积指数为 1.29；散射幅度为 0.33 kW/m^2；直射幅度较大，为 2.27 kW/m^2。

独花兰冠层结构

保护价值

药用价值：是珍贵的药用植物，具有清热、凉血、解毒的功效，用于咳嗽、湿疹疮毒、疥癣、蛇伤等病症。

观赏价值：花色艳丽，形态美观，具有较高的观赏性，是优良珍贵的野生花卉种质资源。

38. 独蒜兰 *Pleione bulbocodioides* (Franch.) Rolfe

兰科 Orchidaceae 独蒜兰属 *Pleione*

形态特征

半附生草本；假鳞茎卵形或卵状圆锥形，上端有茎，顶端 1 枚叶；叶窄椭圆状披针形或近倒披针形，纸质，叶柄长 2~6.5 cm；花葶生于无叶假鳞茎基部，下部包在圆筒状鞘内，顶端具 1~2 朵花，粉红色至淡紫色，唇瓣有深色斑；蒴果近长圆形，长 2.7~3.5 cm。花期 4~6 月。

独蒜兰叶

独蒜兰

独蒜兰根

独蒜兰

分布

主要分布于中国陕西、安徽、湖北、湖南、广东、广西、四川、贵州和云南等地。河南境内伏牛山有分布。

伴生植物

伴生植物常见有钩齿溲疏（*Deutzia baroniana* Diels）、三裂绣线菊（*Spiraea trilobata* L.）、野菊（*Chrysanthemum indicum* L.）、乳头百合（*Lilium papilliferum* Franch.）等。

地形生境

多见于伏牛山（嵩县段）杨山保护站海拔 1 497 m 以上的岩石上。

土壤生境

嵩县野生独蒜兰土壤 pH 值为 5.6，呈酸性；土壤湿润，含水率为 61.47%；土壤有效磷、有效钾含量分别为 50.28 mg/kg、59.98 mg/kg；土壤肥力较高，有机质含量为 246.10 g/kg。

独蒜兰冠层结构

冠层生境

嵩县野生独蒜兰为阴性植物。其透光比为 0.12%；叶面积指数较大，为 1.99；散射幅度为 0.16 kW/m^2；直射幅度为 1.24 kW/m^2。

保护价值

药用价值：具有较高的药用价值，有清热解毒、化痰散结的功效。

观赏价值：花形独特优雅，花开时清新迷人。

39. 蕙兰 *Cymbidium faberi* Rolfe

兰科 Orchidaceae 兰属 *Cymbidium*

形态特征

别名：云南美冠兰。地生草本；假鳞茎不明显；叶 5~8 枚，带形，近直立，长 25~80 cm，宽 0.4~1.2 cm，基部常对折呈 V 形，叶脉常透明，常有粗齿；花葶稍外弯，长 35~50 cm，花序具花 5~11 朵或多花，花常淡黄绿色，唇瓣有紫红色斑，有香气；蒴果窄椭圆形。花期 3~5 月。

蕙兰叶

蕙兰生境

蕙兰

蕙兰

分布

主要分布于中国陕西、甘肃、安徽、浙江、江西、福建、河南、湖北、湖南、广东、广西、四川、贵州、云南和西藏等地。

伴生植物

伴生乔木常见有鹅耳枥（*Carpinus turczaninowii* Hance）、杜鹃（*Rhododendron simsii* Planch.）、马尾松（*Pinus massoniana* Lamb.）等。灌木常见有薜荔（*Ficus pumila* L.）、连翘［*Forsythia suspensa* (Thunb.) Vahl］。周围散生常见有细叶薹草［*Carex duriuscula* subsp. *stenophylloides*（V. I. Kreczetowicz）S. Yun Liang & Y. C. Tang］、麦冬［*Ophiopogon japonicus*（L. f.）Ker-Gawl.］、费菜［*Phedimus aizoon*（L.）'t Hart］等。

地形生境

见于伏牛山（嵩县段）龙池漫保护站、杨山保护站海拔 900~1 000 m 杂木林下，多株成丛生长。

土壤生境

嵩县野生蕙兰土壤 pH 值为 5.53，呈酸性；土壤较干，含水率为 18.49%；土壤有效磷、有效钾含量分别为 18.91 mg/kg、38.41 mg/kg；土壤肥力较高，有机质含量为 164.07 g/kg。

蕙兰冠层结构

冠层生境

嵩县野生蕙兰为阴性植物。其透光比为 0.11%；叶面积指数较大，为 2.28；散射幅度为 0.19 kW/m^2；直射幅度为 0.69 kW/m^2。

保护价值

药用价值：可入药，具有清热解毒、祛风湿、消炎止血、明目等功效。

观赏价值：植株挺拔，花茎直立或下垂，花大色艳，可用作盆栽观赏。

40. 天麻 *Gastrodia elata* BL.

兰科 Orchidaceae 天麻属 *Gastrodia*

形态特征

别名：赤箭、绿天麻、乌天麻、黄天麻、松天麻。植株较高大，一般高 1~1.5 m；根状茎块茎状，长椭圆形或倒圆锥形，长 8~12 cm，节较密，节上鳞片状鞘多，单个最大重量达 600 g，含水量在 70%左右，茎橙黄色或蓝绿色，无绿叶，下部被数枚膜质鞘；花扭转，橙黄色或黄白色，近直立。花期 3~5 月。

天麻花

天麻茎与花序

分布

主要分布于中国吉林、河北、陕西、甘肃、安徽、江西、河南、湖北、湖南、四川、贵州、云南和西藏等地。

伴生植物

伴生植物常见有藜芦（*Veratrum nigrum* L.）、细叶薹草［*Carex duriuscula* subsp. *stenophylloides*（V. I. Kreczetowicz）S. Yun Liang & Y. C. Tang］、费菜［*Phedimus aizoon*（L.）'t Hart］等。

天麻生境

地形生境

多见于伏牛山（嵩县段）龙池漫保护站、大青保护站海拔 1 000~1 300 m 的落叶阔叶林下。

土壤生境

嵩县野生天麻土壤 pH 值为 6.51，呈弱酸性；土壤较干，含水率为 13.32%；土壤有效磷、有效钾含量分别为 33.90 mg/kg、47.04 mg/kg；土壤肥力较高，有机质含量为 108.83 g/kg。

天麻冠层结构

冠层生境

嵩县野生天麻为阴性植物。其透光比为 0.22%；叶面积指数为 1.89；散射幅度为 0.33 kW/m^2；直射幅度较大，为 1.99 kW/m^2。

保护价值

药用价值：对多种疾病均有疗效，主要用于治疗头晕目眩、肢体麻木、小儿惊风等病症。

41. 杜鹃兰 *Cremastra appendiculata* (D. Don) Makino

兰科 Orchidaceae 杜鹃兰属 *Cremastra*

形态特征

别名：翅柱杜鹃兰。假鳞茎卵球形或近球形；叶常 1 枚，窄椭圆形或倒披针状窄椭圆形，长 18~34 cm，宽 5~8 cm，叶柄长 7~17 cm；花葶长达 70 cm，花序具 5~22 朵花，花常偏向一侧，多少下垂，不完全开放，有香气，窄钟形，淡紫褐色；蒴果近椭圆形，下垂，长 2.5~3 cm。花期 5~6 月，果期 9~12 月。

杜鹃兰叶

杜鹃兰

分布

主要分布于中国山西、陕西、甘肃、江苏、安徽、浙江、江西、台湾、河南、湖北、湖南、广东、四川、贵州、云南和西藏等地。

伴生植物

伴生植物常见有慈姑［*Sagittaria trifolia* subsp. *leucopetala* (Miq.) Q. F. Wang］、臭檀吴萸［*Tetradium daniellii*（Bennett）T. G. Hartley］、油松（*Pinus tabuliformis* Carriere）、锐齿槲栎（*Quercus aliena* var. *acutiserrata* Maximowicz ex Wenzig）、华南鳞盖蕨（*Microlepia hancei* Prantl）、凹头苋（*Amaranthus blitum* L.）、车前（*Plantago asiatica* L.）、一把伞南星［*Arisaema erubescens*（Wall.）Schott］、宽叶薹草（*Carex siderosticta* Hance）等。

杜鹃兰生境

地形生境

见于伏牛山（嵩县段）龙池漫保护站、木札岭保护站海拔 1 819 m 的落叶阔叶林下。

土壤生境

嵩县野生杜鹃兰土壤 pH 值为 3.87，呈强酸性；土壤湿润，含水率为 39.43%；土壤有效磷、有效钾含量分别为 46.64mg/kg、25.47 mg/kg；土壤肥力较高，有机质含量为 152.53 g/kg。

杜鹃兰冠层结构

冠层生境

嵩县野生杜鹃兰为耐阴植物。其透光比为 0.19 %；叶面积指数为 1.64；散射幅度为 0.29 kW/m^2；直射幅度较大，为 1.92 kW/m^2。

保护价值

药用价值：假鳞茎可入药，有消肿散结、清热解毒、化痰等功效，主要用于痈肿疔毒、瘰疬痰核、淋巴结结核、蛇虫咬伤等病症。

42. 铁杉 *Tsuga chinensis* (Franch.) Pritz.

松科 Pinaceae 铁杉属 *Tsuga*

形态特征

别名：浙江铁杉、展栂、栂、刺柏、铁林刺、仙柏、假花板、南方铁杉。乔木，高达 50 m；树皮暗灰褐色，裂成块片脱落；一年生小枝细，淡黄色、淡褐黄色或淡灰黄色；叶线形，排成 2 列，长 1.2~2.7 cm，宽 2~3 mm；球果卵圆形或长卵圆形，长 1.5~2.5 cm，直径 1.2~1.6 cm；种子连翅长 7~9mm。花期 4 月，球果 10 月成熟。

铁杉叶

铁杉树干与树皮

铁杉生境

铁杉果

分布

零散分布于中国河南、陕西、甘肃、湖北、湖南、福建、江西、浙江、安徽、云南、广东、广西、四川和贵州等地。

伴生植物

伴生乔木常见有五角槭[*Acer pictum* subsp. *mono*（Maxim.）H. Ohashi]、山白树（*Sinowilsonia henryi* Hemsl.）等。伴生灌木常见有棣棠[*Kerria japonica*（L.）DC.]、箭竹（*Fargesia spathacea* Franch.）。林下散生常见有野菊（*Chrysanthemum indicum* L.）、风毛菊[*Saussurea japonica*（Thunb.）DC.]等。

地形生境

见于伏牛山（嵩县段）龙池漫保护站海拔 1 500~1 600 m 的杂木林中。

土壤生境

嵩县野生铁杉土壤 pH 值为 7.21，呈弱碱性；土壤湿润，含水率为 51.57%；土壤有效磷、有效钾含量分别为 51.64 mg/kg、59.98 mg/kg；土壤有机质含量为 91.28 g/kg。

冠层生境

嵩县野生铁杉为阳性植物。其透光比为 0.11%；叶面积指数较大，为 2.14；散射幅度为 0.15 kW/m^2；直射幅度为 0.78 kW/m^2。

铁杉冠层结构

保护价值

药用价值：可治疗风湿痛、皮肤湿疹等症。

观赏价值：树形端正，枝叶茂密，寿命长，常绿，可作绿化观赏树种。

43. 粗榧 *Cephalotaxus sinensis* (Rehder & E. H. Wilson) H. L. Li.

红豆杉科 Taxaceae 三尖杉属 *Cephalotaxus*

形态特征

别名：中国粗榧、粗榧杉、中华粗榧杉、鄂西粗榧。小乔木，稀大乔木；叶线形，排成两列，质地较厚，通常直，稀微弯，基部近圆形，几无柄；雄球花 6~7 朵聚生成头状，花卵圆形，直径约 6 mm，梗长约 3 mm，基部及花序梗上有多数苞片；种子通常 2~5 枚，卵圆形、椭圆状卵圆形或近球形，稀倒卵状椭圆形。花期 3~4 月，果期 8~10 月。

粗榧叶

粗榧

粗榧生境

粗榧

分布

主要分布于中国江苏、浙江、安徽、福建、江西、河南、湖南、湖北、陕西、甘肃、四川、重庆、云南、贵州、广西、广东等地。河南境内分布于伏牛山、桐柏山、大别山。

伴生植物

伴生植物常见有二翅糯米条［*Abelia macrotera* (Graebn. et Buchw.) Rehd.］、鹅耳枥（*Carpinus turczaninowii* Hance）、山葡萄（*Vitis amurensis* Rupr.）、南蛇藤（*Celastrus orbiculatus* Thunb.）等。

地形生境

多见于伏牛山（嵩县段）龙池漫保护站、大青保护站海拔 800~1 300 m 的杂木林中。

土壤生境

嵩县野生粗榧土壤 pH 值为 6.44，呈弱酸性；土壤湿润，含水率为 41.65%；土壤有效磷、有效钾含量分别为 9.82 mg/kg、62.14 mg/kg；土壤肥力较高，有机质含量为 216.33 g/kg。

冠层生境

嵩县野生粗榧为阴性植物。其透光比为 0.11%；叶面积指数较大，为 2.06；散射幅度为 0.14 kW/m^2；直射幅度为 1.35 kW/m^2。

粗榧冠层结构

保护价值

药用价值：叶、枝、种、根含有三尖杉酯碱和高三尖杉酯碱等 20 多种生物碱有效成分，对治疗白血病和淋巴肉瘤等有一定疗效。

观赏价值：是常绿针叶树种，树冠整齐，针叶粗硬，有较高的观赏价值。

44. 青檀 *Pteroceltis tatarinowii* Maxim.

大麻科 Cannabaceae 青檀属 *Pteroceltis*

形态特征

高大乔木，高达 20 m；树皮灰色或深灰色，不规则长片状剥落；小枝疏被柔毛，后渐脱落；冬芽卵圆形；叶互生，纸质，宽卵形或长卵形，长 3~10 cm；花单性、同株，雄花数朵簇生于当年生枝下部叶腋，雌花单生于一年生枝上部叶腋；翅果状坚果近圆形或近四方形，黄绿色或黄褐色。花期 3~5 月，果期 8~10 月。

青檀叶

青檀

青檀树干

青檀生境

分布

主要分布于中国辽宁、河北、山东、山西、河南、陕西、甘肃、青海、江苏、安徽、浙江、福建、江西、湖南、湖北、四川、重庆、贵州、广东和广西等地。河南境内分布于太行山、伏牛山、大别山。

伴生植物

伴生植物常见有领春木（*Euptelea pleiosperma* J. D. Hooker & Thomson）、锐齿槲栎（*Quercus aliena* var. *acutiserrata* Maximowicz ex Wenzig）、连翘［*Forsythia suspensa*（Thunb.）Vahl］、接骨木（*Sambucus williamsii* Hance）、马蹄香（*Saruma henryi* Oliv.）、野菊（*Chrysanthemum indicum* L.）等。

地形生境

多见于伏牛山（嵩县段）大青保护站海拔 971 m 的落叶阔叶林下。

土壤生境

嵩县野生青檀土壤 pH 值为 6.45，呈弱酸性；土壤湿润，含水率为 33.30%；土壤有效磷、有效钾含量分别为 45.27 mg/kg、77.24 mg/kg；土壤肥力较高，有机质含量为 185.69 g/kg。

冠层生境

嵩县野生青檀为阳性植物。其透光比为 0.37%；叶面积指数较大，为 1.17；散射幅度为 0.41 kW/m^2；直射幅度为 1.09 kW/m^2。

青檀冠层结构

保护价值

药用价值：根有去风、除湿、消肿的功效，主治诸风麻痹、痰湿流注、脚膝瘙痒、胃痛及发痧气痛。

观赏价值：树形美观，形态各异，季相分明，极具观赏价值。

45. 铁木 *Ostrya japonica* Sarg.

桦木科 Betulaceae 铁木属 *Ostrya*

形态特征

别名：格木。乔木，高达 20 m；幼枝密被柔毛；叶卵形或卵状披针形，长 3.5~12 cm，叶柄长 1~1.5 cm，密被柔毛；雌花序长 1.5~2.5 cm，花序梗密被柔毛；果苞倒卵状长圆形或椭圆形，长 1~2 cm，直径 0.6~1.2 cm。花期 5~6 月，果期 8~10 月。

铁木叶

铁木

铁木生境

铁木树干

分布

主要分布于中国河北、河南、陕西、甘肃及四川等地。

伴生植物

伴生植物常见有红桦（*Betula albosinensis* Burkill）、山杨（*Populus davidiana* Dode）、青榨槭（*Acer davidii* Franch.）、华山松（*Pinus armandi* Franch.）、三椏乌药（*Lindera obtu-siloba* Bl.）、连翘［*Forsythia suspensa*（Thunb.）Vahl］、栒子（*Cotoneaster hissaricus* Pojark.）、唐松草（*Thalictrum aquilegiifolium* var. *sibiricum* L.）等。

地形生境

见于伏牛山（嵩县段）木札岭保护站和杨山保护站海拔 1 100~1 300 m 的山坡谷地阔叶林中。

土壤生境

嵩县野生铁木土壤 pH 值为 6.85，呈弱酸性；土壤较干，含水率为 16.69%；土壤有效磷、有效钾含量均为 40.57 mg/kg；土壤肥力较高，有机质含量为 160.34 g/kg。

冠层生境

嵩县野生铁木为阳性植物。其透光比为 0.13%；叶面积指数较大，为 2.22；散射幅度为 0.24 kW/m^2；直射幅度为 1.81 kW/m^2。

铁木冠层结构

保护价值

使用价值：其木材坚硬，有清雅香气，常用来作家具及建筑用材。

46. 华榛 *Corylus chinensis* Franch.

桦木科 *Betulaceae* 榛属 *Corylus*

形态特征

大乔木，高达 40 m；小枝疏被长柔毛及刺状腺体；叶卵形、卵状椭圆形或倒卵状椭圆形，长 8~18 cm，叶柄长 1~2.5 cm，密被长柔毛及刺状腺体；雄花序 4~6 枚簇生，苞片被柔毛，雌花序 2~6 枚成头状；果苞管状，长 2~6 cm，直径 1~1.5 cm，无毛。花期 4~5 月，果期 9~10 月。

华榛叶

华榛果

分布

主要分布于中国河南、陕西、四川、云南、湖北、湖南等地。

伴生植物

常与暖木（*Meliosma veitchiorum* Hemsl.）、大叶榉树（*Zelkova schneideriana* Hand.-Mazz.）、山白树（*Sinowilsonia henryi* Hemsl.）、建始槭（*Acer henryi* Pax）、吴茱臭檀［*Tetradium daniellii*（Bennett）T. G. Hartley］等混生。林下散生常见有鸭儿芹（*Cryptotaenia japonica* Hassk.）、艾麻［*Laportea cuspidata*（Wedd.）Friis］、蝎子草［*Girardinia diversifolia* subsp. *suborbiculata*（C. J. Chen）C. J. Chen & Friis］等。

华榛茎

地形生境

见于伏牛山（嵩县段）龙池漫保护站海拔 1 135 m 的湿润山坡林中。

土壤生境

嵩县野生华榛土壤 pH 值为 6.62，呈弱酸性；土壤湿润，含水率为 35.57%；土壤有效磷、有效钾含量分别为 29.78 mg/kg、38.41 mg/kg；土壤有机质含量为 88.00 g/kg。

冠层生境

嵩县野生华榛为阳性植物。其透光比为 0.43%；叶面积指数为 0.79；散射幅度为 0.66 kW/m^2；直射幅度较大，为 4.00 kW/m^2。

华榛冠层结构

保护价值

食用价值：种子可食用且营养丰富，果仁中含有丰富的蛋白质、脂肪、糖类、胡萝卜素、维生素，还含有人体所需的 8 种氨基酸和各种微量元素，与扁桃、胡桃、腰果并称为“四大坚果”，有“坚果之王”之称。

47. 领春木 *Euptelea pleiosperma* J. D. Hooker & Thomson

领春木科 Eupteleaceae 领春木属 *Euptelea*

形态特征

别名：水桃、正心木。落叶小乔木或灌木状，高达 15 m；树皮紫黑色或褐灰色；小枝无毛，紫黑色或灰色；芽卵形，芽鳞深褐色，光亮；叶纸质，卵形或近圆形，稀椭圆状卵形或椭圆状披针形；花两性，先叶开花，簇生；翅果，褐色，卵形。花期 4~5 月，果期 7~8 月。

领春木叶

领春木

领春木生境

领春木树干

分布

主要分布于中国河南、陕西、甘肃、浙江、湖北和四川等地。河南境内分布于太行山、伏牛山。

伴生植物

伴生林木常见有接骨木（*Sambucus williamsii* Hance）、瘤枝卫矛（*Euonymus verrucosus* Scop.）、青榨槭（*Acer davidii* Franch.）、大叶榉树（*Zelkova schneideriana* Hand.-Mazz.）、大叶朴（*Celtis koraiensis* Nakai）、五味子［*Schisandra chinensis*（Turcz.）Baill.］等。树下散生常见有蝎子草［*Girardinia diversifolia* subsp. *suborbiculata* (C. J. Chen) C. J. Chen & Friis］、求米草［*Oplismenus undulatifolius* (Arduino) Beauv.］等草本。

地形生境

生长于伏牛山（嵩县段）龙池漫保护站、杨山保护站、大青保护站海拔 900~1 400 m 的溪边杂木林中。

土壤生境

嵩县野生领春木土壤 pH 值为 6.45，呈弱酸性；土壤湿润，含水率为 53.05%；土壤有效磷、有效钾含量分别为 33.91 mg/kg、27.62 mg/kg；土壤肥力较高，有机质含量为 168.51 g/kg。

冠层生境

嵩县野生领春木为耐阴植物。其透光比为 0.16%；叶面积指数较大，为 2.41；散射幅度为 0.27 kW/m^2；直射幅度为 1.34 kW/m^2。

领春木冠层结构

保护价值

使用价值：纹理美观，常用于制作高档家具或仪器表盒等。

48. 玉兰 *Yulania denudata* (Desr.) D. L. Fu

木兰科 Magnoliaceae 玉兰属 *Yulania*

形态特征

别名：应春花、白玉兰、望春花、迎春花、玉堂春、木兰。落叶乔木，高达 25 m；树皮深灰色，粗糙开裂；叶纸质，倒卵形、宽倒卵形或倒卵状椭圆形；花蕾卵圆形，花先叶开放，直立，芳香，直径 10~16 cm；蓇葖厚木质，褐色；种子心形，侧扁，外种皮红色，内种皮黑色。一年开花 2 次，花期 2~3 月和 7~9 月，果期 8~9 月。

玉兰花苞

玉兰树皮

玉兰叶片和果实

玉兰花

分布

主要分布于中国甘肃、河南、湖北、四川、陕西、安徽、浙江、江西、湖南和广东等地。河南境内主要分布于伏牛山、大别山、桐柏山。

伴生植物

伴生植物常见有接骨木（*Sambucus williamsii* Hance）、青榨槭（*Acer davidii* Franch.）、大叶榉树（*Zelkova schneideriana* Hand.-Mazz.）等。

地形生境

生长于伏牛山（嵩县段）龙池漫保护站海拔 1 300~2 100 m 的落叶阔叶林中。

土壤生境

嵩县野生玉兰土壤 pH 值为 7.01，呈弱碱性；土壤湿润，含水率为 21.93%；土壤有效磷、有效钾含量分别为 41.00 mg/kg、27.62 mg/kg；土壤有机质含量为 33.56 g/kg。

冠层生境

嵩县野生玉兰为阳性植物。其透光比为 0.09%；叶面积指数较大，为 4.24；散射幅度为 0.15 kW/m^2；直射幅度为 0.08 kW/m^2。

玉兰冠层结构

保护价值

药用价值：其花蕾和树皮可入药，有散风寒、通肺经、镇痛的功效，能收缩鼻黏膜血管、降血压等。

49. 杜仲 *Eucommia ulmoides* Oliv.

杜仲科 Eucommiaceae 杜仲属 *Eucommia*

形态特征

落叶乔木，高达 20 m；树皮灰褐色，粗糙；植株具丝状胶质；芽卵圆形，红褐色；单叶互生，椭圆形、卵形或长圆形，薄革质，长 6~15 cm，宽 3.5~6.5 cm，叶柄长 1~2 cm，无托叶；花单性，雌雄异株，无花被，雄花簇生，雌花单生小枝下部；翅果扁平，长椭圆形。花期 4 月，果期 10 月。

杜仲叶

杜仲

杜仲树干

杜仲生境

分布

主要分布于中国陕西、甘肃、河南、湖北、四川、云南、贵州、湖南、安徽、江西、广西及浙江等地。

伴生植物

伴生植物常见有枳椇（*Hovenia acerba* Lindl.）、白花泡桐［*Paulownia fortunei* (Seem.) Hemsl.］、卫矛［*Euonymus alatus*（Thunb.）Sieb.］、白叶莓（*Rubus innominatus* S. Moore）、葎草［*Humulus scandens*（Lour.）Merr.］、鬼针草（*Bidens pilosa* L.）、益母草（*Leonurus japonicus* Houttuyn）等。

地形生境

生于伏牛山（嵩县段）杨树岭保护站海拔 782 m 的杂木林中。

土壤生境

嵩县野生杜仲土壤 pH 值为 6.3，呈酸性；土壤湿润，含水率为 22.89%；土壤有效磷、有效钾含量分别为 15.56 mg/kg、31.94 mg/kg；土壤有机质含量为 80.67 g/kg。

杜仲冠层结构

冠层生境

嵩县野生杜仲为阳性植物。其透光比为 0.26%；叶面积指数为 1.21；散射幅度为 0.37 kW/m^2；直射幅度较大，为 1.27 kW/m^2。

保护价值

药用价值：树皮可入药，用于治疗腰膝痛、高血压、风湿及习惯性流产等。

50. 山白树 *Sinowilsonia henryi* Hemsl.

金缕梅科 Hamamelidaceae 山白树属 *Sinowilsonia*

形态特征

落叶灌木或小乔木，高约 8 m；叶纸质或膜质，倒卵形，稀为椭圆形，长 10~18 cm，宽 6~10 cm，叶柄长 8~15 mm，托叶线形，长 8 mm，早落；雄花总状花序无正常叶片，雌花穗状花序长 6~8 cm；蒴果无柄，卵圆形；种子黑色，有光泽，种脐灰白色。花期 4 月，果期 8~9 月。

山白树叶

山白树树冠

山白树

山白树树干

分布

主要分布于中国湖北、四川、河南、陕西及甘肃等地。

伴生植物

常与领春木（*Euptelea pleiosperma* J. D. Hooker & Thomson）、构［*Broussonetia papyrifera* (L.) L'Hér. ex Vent.］、灯台树（*Cornus controversa* Hemsley）、八角枫［*Alangium chinense* (Lour.) Harms］、金钱槭（*Dipteronia sinensis* Oliv.）等混生。

地形生境

生长于伏牛山（嵩县段）杨山保护站、大青保护站海拔 900~1 000 m 的山谷或杂木林中。

土壤生境

嵩县野生山白树土壤 pH 值为 4.26，呈酸性；土壤湿润，含水率为 25.97%；土壤有效磷、有效钾含量分别为 33.91 mg/kg、29.78 mg/kg；土壤肥力较高，有机质含量为 193.90 g/kg。

冠层生境

嵩县野生山白树为耐阴植物。其透光比为 0.09 %；叶面积指数较大，为 2.23；散射幅度为 0.11 kW/m^2；直射幅度为 0.43 kW/m^2。

山白树冠层结构

保护价值

观赏价值：树干耸直，嫩叶苍翠欲滴，叶片疏密得当，十分美观，具有很高的观赏价值，适合庭院绿化和作行道树。

51. 河南海棠 *Malus honanensis* Rehd.

蔷薇科 Rosaceae 苹果属 *Malus*

形态特征

别名：山里锦、冬绿茶、牧孤梨、大叶毛楂。灌木或小乔木，高达 7 m；小枝疏被茸毛，不久脱落，老时红褐色，无毛；冬芽卵圆形，鳞片边缘被长柔毛；叶宽卵形至长椭圆状卵形，被柔毛，托叶膜质，线状披针形；花序梗长 1.5~3 cm，花直径约 1.5 cm，花瓣粉白色，卵形；果近球形，直径约 8 mm，黄红色；有宿存萼片。花期 5 月，果期 8~9 月。

河南海棠叶

河南海棠果与花

分布

主要分布于中国河南、河北、山西、陕西、甘肃和湖北等地。

伴生植物

伴生植物常见有藜芦（*Veratrum nigrum* L.）、细叶薹草［*Carex duriuscula* subsp. *stenophylloides*（V. I. Kreczetowicz）S. Yun Liang & Y. C. Tang］、费菜［*Phedimus aizoon*（L.）'t Hart］等。

地形生境

生于伏牛山（嵩县段）龙池漫保护站海拔 800~2 000 m 的山谷或山坡丛林中。

土壤生境

嵩县野生河南海棠土壤 pH 值为 6.01，呈酸性；土壤湿润，含水率为 24.63%；土壤有效磷、有效钾含量分别为 16.69 mg/kg、38.41 mg/kg；土壤有机质含量为 73.33 g/kg。

冠层生境

嵩县野生河南海棠为耐阴植物。其透光比为 0.11%；叶面积指数较大，为 3.06；散射幅度为 0.20 kW/m^2；直射幅度为 0.74 kW/m^2。

河南海棠冠层结构

保护价值

药用价值：含有丰富的黄酮类物质及维生素 C、维生素 E 等，对心脑血管疾病、支气管哮喘有辅助治疗效果，嫩叶可泡茶饮用。

52. 蜡枝槭 *Acer ceriferum* Rehd.

无患子科 Sapindaceae 槭属 *Acer*

形态特征

别名：杈叶槭、红色槭、杈杈叶、安徽槭、小杈叶槭、河南杈叶槭、短翅安徽槭。小枝细瘦，无毛，当年生枝紫褐色，多年生枝橄榄褐色或绿褐色；叶纸质或膜质，基部截形或近于心脏形，长 6~8 cm，宽 7~12 cm，常 7~9 裂；花杂性，雄花与两性花同株，4~8 枚常成长 3~4 cm 的顶生伞房花序，总花序梗长 3~4 cm；小坚果淡黄绿色，椭圆形，长 5~7 mm，直径 4~5 mm；翅与小坚果长 3.5~4 cm，直径 1 cm，张开几乎呈水平。

蜡枝槭叶

蜡枝槭

蜡枝槭

蜡枝槭生境

蜡枝槭枝叶

分布

主要分布于中国河南、陕西、湖北、四川和安徽等地。

伴生植物

伴生植物常见有乔木五角槭［*Acer pictum* subsp. *mono*（Maxim.）H. Ohashi］、建始槭（*Acer henryi* Pax）、水曲柳（*Fraxinus mandshurica* Rupr.）、葛萝槭［*Acer davidii* subsp. *grosseri*（Pax）P. C. de Jong］等，散生常见有粗榧［*Cephalotaxus sinensis*（Rehder & E. H. Wilson）H. L. Li］等。

地形生境

生于伏牛山（嵩县段）龙池漫保护站海拔 1 000~1 100 m 的山沟旁边落叶阔叶林中。

土壤生境

嵩县野生蜡枝槭土壤 pH 值为 6.9，呈弱酸性；土壤较干，含水率为 11.16%；土壤有效磷、有效钾含量分别为 18.91 mg/kg、53.51 mg/kg；土壤肥力较高，有机质含量为 104.41 g/kg。

冠层生境

嵩县野生蜡枝槭为耐阴植物。其透光比为 0.49 %；叶面积指数为 0.57；散射幅度为 0.73 kW/m^2；直射幅度较大，为 3.87 kW/m^2。

蜡枝槭冠层结构

保护价值

观赏价值：树姿优美，枝繁叶茂，叶果秀丽，变种繁多，叶色多样，观赏价值很高，是著名园林观赏、庭院绿化树种，也是珍贵的家庭盆栽品种。

53. 重齿槭 *Acer duplicatoserratum* Hayata.

无患子科 Sapindaceae 槭属 *Acer*

形态特征

别名：重齿枫。落叶小乔木；小枝嫩时被白色长柔毛，渐老无毛；叶纸质，基部心脏形，外貌近于圆形，直径约 7 cm，叶柄长 2~2.5 cm；花序伞房状，嫩时被长柔毛，总花序梗长 1~2.5 cm，花序梗长 5~6 mm；小坚果近于卵圆形，翅镰刀形，宽 1 cm，连同小坚果长 2~2.4 cm，张开成钝角。花期 3 月，果期 8 月。

重齿槭叶

重齿槭

分布

主要分布于中国河南、江西和台湾等地。

伴生植物

伴生植物常见有蟹甲草(*Parasenecio forrestii* W. W. Smith et Samll)、粗榧[*Cephalotaxus sinensis* (Rehder & E. H. Wilson) H. L. Li]、连翘[*Forsythia suspensa* (Thunb.) Vahl]等。

地形生境

生于伏牛山（嵩县段）龙池漫保护站海拔 1 100~1 400 m 林下，郁闭度不高，有光线直射。

土壤生境

嵩县野生重齿槭土壤 pH 值为 5.64，呈酸性；土壤较干，含水率为 18.19%；土壤有效磷、有效钾含量分别为 50.73 mg/kg、62.14 mg/kg；土壤肥力较高，有机质含量为 134.24 g/kg。

冠层生境

嵩县野生重齿槭为耐阴植物。其透光比为 0.22%；叶面积指数为 1.37；散射幅度为 0.31 kW/m^2；直射幅度较大，为 2.17 kW/m^2。

重齿槭冠层结构

保护价值

观赏价值：该类植物树形高大，树姿优美，叶色亮丽，叶形奇特，具有很高的观赏价值。

54. 暖木 *Meliosma veitchiorum* Hemsl.

清风藤科 Sabiaceae 泡花树属 *Meliosma*

形态特征

乔木，高可达 20 m；小枝粗，具粗大近圆形叶痕；羽状复叶，小叶纸质，卵形或卵状椭圆形，长 7~15 cm，宽 4~8 cm；圆锥花序长 40~45 cm，花白色，被褐色细柔毛；核果近球形，直径 1~1.2 cm，核近半球形。花期 5 月，果期 8~9 月。

暖木叶

暖木

暖木

暖木树干

分布

主要分布于中国云南、贵州、四川、陕西、河南、湖北、湖南、安徽、浙江等地。

伴生植物

常与大叶榉树（*Zelkova schneideriana* Hand.-Mazz.）、山白树（*Sinowilsonia henryi* Hemsl.）、建始槭（*Acer henryi* Pax）、华榛（*Corylus chinensis* Franch.）、吴茱臭檀［*Tetradium daniellii*（Bennett）T. G. Hartley］等混生。

地形生境

生于伏牛山（嵩县段）杨山保护站海拔 1 166 m 的疏林中。

土壤生境

嵩县野生暖木土壤 pH 值为 5.84，呈酸性；土壤较干，含水率为 17.20%；土壤有效磷、有效钾含量分别为 54.64 mg/kg、66.45 mg/kg；土壤有机质含量为 91.28 g/kg。

冠层生境

嵩县野生暖木为阳性植物。其透光比为 0.04%；叶面积指数较大，为 3.58；散射幅度为 0.07 kW/m^2；直射幅度为 0.34 kW/m^2。

暖木冠层结构

保护价值

观赏价值：树干挺拔，树形端庄，其圆锥状花序形如一串串白色珍珠，香气扑鼻，是珍贵的园林绿化观赏树种。

55. 刺楸 *Kalopanax septemlobus* (Thunb.) Koidz.

五加科 Araliaceae 刺楸属 *Kalopanax*

形态特征

别名：辣枫树、茨楸、云楸、刺桐、刺枫树、鼓钉刺、毛叶刺楸。树干通直，树皮纵裂，灰黑褐色；叶掌状分裂，长圆状卵形；伞形花序，花较小，白色或淡黄绿色；果蓝黑色。花期 7~8 月，果期 9~11 月。

刺楸叶

刺楸

分布

广泛分布于中国各地，除海南、台湾、宁夏、新疆、青海外均有分布。

伴生植物

常与锐齿槲栎（*Quercus aliena* var. *acutiserrata* Maximowicz ex Wenzig）等混生成林。林下常见有山梅花(*Philadelphus incanus* Koehne)、榆树(*Ulmus pumila* L.)、天麻（*Gastrodia elata* BL.）。

地形生境

多生于伏牛山（嵩县段）杨树岭、龙池漫、木札岭、大青保护站海拔 1 156 m 的杂木林中。

刺楸生境

土壤生境

嵩县野生刺楸土壤 pH 值为 5，呈酸性；土壤湿润，含水率为 50%；土壤有效磷、有效钾含量分别为 20 mg/kg、84 mg/kg；土壤肥力较高，有机质含量为 385 g/kg。

冠层生境

嵩县野生刺楸为阳性植物。其透光比为 0.14%；叶面积指数较大，为 1.84；散射幅度为 0.21 kW/m^2；直射幅度为 0.93 kW/m^2。

刺楸冠层结构

保护价值

药用价值：树根、树皮可入药，有清热解毒、消炎祛痰、镇痛等功效。

观赏价值：树干通直挺拔，叶形美观，适合作行道树或园林配植。

56. 玉玲花 *Styrax obassia* Sieb. et Zucc.

安息香科 Styracaceae 安息香属 *Styrax*

形态特征

别名：白云木。乔木或灌木，高达 14 m；幼枝常被星状毛；叶纸质，互生，宽椭圆形或近圆形；总状花序顶生或腋生，长 6~15 cm，花白色或粉红色，芳香；果卵形或近卵形，直径 1~1.5 cm，顶端具短尖头；种子近平滑，暗褐色。花期 5~7 月，果期 8~9 月。

玉玲花叶

玉玲花花

玉玲花生境

玉玲花树冠

玉玲花树皮

分布

主要分布于中国辽宁、山东、安徽、浙江、湖北和江西等地。

伴生植物

伴生植物常见有青榨槭（*Acer davidii* Franch.）、华山松（*Pinus armandi* Franch.）、锐齿槲栎（*Quercus aliena* var. *acutiserrata* Maximowicz ex Wenzig）、连翘[*Forsythia suspensa*（Thunb.）Vahl]、灰栒子（*Cotoneaster acutifolius* Turcz.）、宽叶薹草（*Carex siderosticta* Hance）、糙苏[*Phlomoides umbrosa*（Turcz.）Kamelin & Makhm.]等。

地形生境

多见于伏牛山（嵩县段）杨树岭保护站海拔 1 500~1 800 m 的杂木林中。

土壤生境

嵩县野生玉玲花土壤 pH 值为 4.6，呈酸性；土壤湿润，含水率为 29.79%；土壤有效磷、有效钾含量分别为 22.51 mg/kg、70.77 mg/kg；土壤肥力较高，有机质含量为 119.36 g/kg。

冠层生境

嵩县野生玉玲花为阳性植物。其透光比为 0.23%；叶面积指数为 1.38；散射幅度为 0.35 kW/m^2；直射幅度较大，为 2.08 kW/m^2。

玉玲花冠层结构

保护价值

使用价值：木材用途广泛，适合建筑、制作器具等，是良好的用材树种。

观赏价值：其树形美观，色泽艳丽，具有较高的观赏价值。

57. 河南杜鹃 *Rhododendron henanense* Fang

杜鹃花科 Ericaceae 杜鹃花属 *Rhododendron*

形态特征

本种与弯果杜鹃的区别：叶柄、花梗、花柱无腺体；花冠白色，钟状漏斗形，长 2.5~3 cm。花期 5 月。

河南杜鹃叶

河南杜鹃

分布

主要分布于河南中部，伏牛山、老界岭地区。

伴生植物

伴生植物常见有慈姑［*Sagittaria trifolia* subsp. *leucopetala* (Miq.) Q. F. Wang］、吴茱臭檀［*Tetradium daniellii* (Bennett) T. G. Hartley］、油松（*Pinus tabuliformis* Carriere）、锐齿槲栎（*Quercus aliena* var. *acutiserrata* Maximowicz ex Wenzig）、华南鳞盖蕨（*Microlepia hancei* Prantl）等。

河南杜鹃

地形生境

生于伏牛山（嵩县段）龙池漫保护站海拔 1 830 m 的针阔叶混交林下。

土壤生境

嵩县野生河南杜鹃土壤 pH 值为 6.1，呈酸性；土壤较干，含水率为 18.50%；土壤有效磷、有效钾含量分别为 35.37 mg/kg、62.14 mg/kg；土壤肥力较高，有机质含量为 154.47 g/kg。

冠层生境

河南杜鹃冠层结构

嵩县野生河南杜鹃为耐阴植物。其透光比为 0.38%；叶面积指数为 0.84；散射幅度为 0.57 kW/m^2；直射幅度较大，为 2.46 kW/m^2。

保护价值

观赏价值：枝繁叶茂，绮丽多姿，观赏价值高，萌发力强，耐修剪，适合做盆景材料、园林观赏植物。

58. 太白杜鹃 *Rhododendron purdomii* Rehd. et Wils.

杜鹃花科 Ericaceae 杜鹃花属 *Rhododendron*

形态特征

常绿灌木或小乔木，高 2~6 m；幼枝被微柔毛或近于无毛，老枝粗壮，灰色至黑灰色；叶革质，长圆状披针形至长圆状椭圆形；顶生总状伞形花序，有花 10~15 朵，总轴长约 1 cm，花序梗长 1~1.5 cm；蒴果圆柱形。花期 5~6 月，果期 7~9 月。

太白杜鹃花

太白杜鹃

分布

主要分布于中国陕西、甘肃和河南等地。河南境内主要分布于西部山区。

伴生植物

伴生植物常见有细叶薹草[*Carex duriuscula* subsp. *stenophylloides*（V. I. Kreczetowicz）S. Yun Liang & Y. C. Tang]、麦冬[*Ophiopogon japonicus*（L. f.）Ker-Gawl.]、费菜[*Phedimus aizoon*（L.）'t Hart]、金星蕨[*Parathelypteris glanduligera* (Kze.) Ching]、玉竹[*Polygonatum odoratum*（Mill.）Druce]、求米草[*Oplismenus undulatifolius*（Arduino）Beauv.]。

太白杜鹃生境

地形生境

生于伏牛山（嵩县段）龙池漫保护站海拔 1 500 m 的林下。

土壤生境

嵩县野生太白杜鹃土壤 pH 值为 6.2，呈酸性；土壤较干，含水率为 13.41%；土壤有效磷、有效钾含量分别为 45.85 mg/kg、68.61 mg/kg；土壤肥力较高，有机质含量为 108.83 g/kg。

太白杜鹃冠层结构

冠层生境

嵩县野生太白杜鹃为耐阴植物。其透光比为 0.14%；叶面积指数较大，为 2.20；散射幅度为 0.24 kW/m^2；直射幅度为 1.81 kW/m^2。

保护价值

观赏价值：枝繁叶茂，绮丽多姿，观赏价值高，萌发力强，耐修剪，适合做盆景材料、园林观赏植物。

59. 绞股蓝 *Gynostemma pentaphyllum* (Thunb.) Makino

葫芦科 Cucurbitaceae 绞股蓝属 *Gynostemma*

形态特征

别名：毛绞股蓝。草质攀缘藤本；茎无毛或疏被柔毛；鸟足状复叶，叶柄长 3~7 cm，小叶膜质或纸质，卵状长圆形或披针形，具波状齿或圆齿状牙齿，两面疏被硬毛；圆锥花序，雄花序较大，具钻状小苞片，花冠淡绿色或白色，花丝短而合生；果球形，成熟后黑色；种子呈卵状心形。花期 3~11 月，果期 4~12 月。

绞股蓝叶

绞股蓝

分布

主要分布于中国山东、陕西、河南、安徽、江苏、浙江、江西、台湾、广东、海南、广西、湖南、湖北、贵州、四川、云南和西藏等地。

伴生植物

伴生植物常见有变豆菜（*Sanicula chinensis* Bunge）、玉竹［*Polygonatum odoratum*（Mill.）Druce］、枳椇（*Hovenia acerba* Lindl.）、白花碎米荠［*Cardamine leucantha*（Tausch）O. E. Schulz］、小花黄堇［*Corydalis racemosa*（Thunb.）Pers.］等。

绞股蓝生境

地形生境

多生于伏牛山（嵩县段）龙池漫保护站、杨山保护站、大青保护站海拔 900~1 400 m 的杂木林中。

土壤生境

嵩县野生绞股蓝土壤 pH 值为 5，呈酸性；土壤湿润，含水率为 50%；土壤有效磷、有效钾含量分别为 20 mg/kg、84 mg/kg；土壤肥力较高，有机质含量为 385 g/kg。

冠层生境

嵩县野生绞股蓝为耐阴植物。透光比为 0.01%；叶面积指数较大，为 4.15；散射幅度为 0.02 kW/m^2；直射幅度为 0.11 kW/m^2。

绞股蓝冠层结构

保护价值

药用价值：有清热解毒、止咳清肺、养心安神、补气生精等功效，可用于降血压、降血脂、护肝、促进睡眠以及肠胃炎、气管炎、咽喉炎的治疗，并用于多种癌症的临床治疗。

附表　河南省伏牛山国家级自然保护区（嵩县段）重点保护植物全国县级分布

1. 银杏

省级行政区	分布区域
北京	朝阳、石景山、海淀、门头沟、房山、顺义、昌平、密云
天津	河北、蓟州
河北	石家庄、秦皇岛
山西	太原、太谷、芮城、临县
辽宁	沈阳、大连、鞍山
上海	黄浦、徐汇、长宁、静安、普陀、闸北、虹口、杨浦、闵行、宝山、嘉定、浦东新、金山、松江、奉贤
江苏	南京、江宁、无锡、宜兴、徐州、金坛、苏州、如东、连云港、扬州、句容
浙江	杭州、宁波、泰顺、海宁、长兴、安吉、武义、常山、舟山、天台、遂昌、龙泉
安徽	铜陵、安庆、黄山、萧县、六安、青阳、广德、泾县
福建	福州、厦门、泰宁、建宁、南平、龙岩、宁德
江西	南昌、浮梁、乐平、九江、大余、龙南、全南、瑞金、遂川、安福、井冈山、宜春、黎川、南丰、乐安、资溪、广昌、玉山、铅山
山东	济南、青岛、博山、滕州、烟台、济宁、泰安、环翠、日照、莱芜、平邑
河南	郑州、嵩县、宜阳、林州、新乡、卢氏、南阳、信阳
湖北	武汉、十堰、宜昌、保康、罗田、黄梅、利川、建始、巴东、宣恩、鹤峰、神农架
湖南	长沙、南岳、祁东、绥宁、新宁、平江、石门、桑植、宜章、永兴、永州、沅陵、芷江、保靖、永顺、龙山
广东	深圳、湛江、封开、梅州、连山
广西	桂林、梧州、罗城
重庆	涪陵、北碚、巴南、长寿、江津、南川、梁平、城口、丰都、垫江、武隆、忠县、云阳、奉节、巫溪
四川	成都、广元、峨眉山、岳池、天全、宝兴、资阳、西昌、德昌
贵州	贵阳、盘州、遵义、平坝、普定、松桃、万山特、兴义、晴隆、安龙、毕节、黔西、织金、赫章、凯里、施秉、锦屏、剑河、台江、黎平、雷山、麻江、都匀、瓮安、平塘、罗甸、龙里、惠水、三都
云南	昆明、丽江、广南、勐腊
陕西	眉县、长武、武功、甘泉、南郑、洋县、勉县、佛坪、石泉、宁陕、岚皋、平利、丹凤、商南、岚皋、平利、丹凤、商南
甘肃	天水、文县、康县、徽县
青海	西宁
香港	全部区域

2. 秦岭冷杉

省级行政区	分布区域
河南	灵宝、栾川、洛宁、鲁山、西峡、南召、内乡、嵩县
湖北	武汉、五峰、巴东、神农架
四川	康定、美姑
云南	丽江、贡山
西藏	察隅
陕西	太白、略阳、留坝、佛坪、石泉、宁陕、岚皋、旬阳
甘肃	西固、舟曲、迭部

3. 红豆杉

省级行政区	分布区域
江苏	南京
浙江	杭州、武义、庆元、龙泉
安徽	黄山、霍山
福建	将乐、安溪、南平
江西	九江、上犹、龙南、石城、井冈山、黎川、上饶
河南	嵩县、卢氏、西峡、信阳
湖北	十堰、宜昌、兴山、五峰、恩施、利川、建始、巴东、宣恩、咸丰、来凤、鹤峰、神农架
湖南	衡山、武冈、石门、桑植、宜章、道县、永顺、龙山
广东	广州、乳源
广西	融水、三江、临桂、兴安、灌阳、龙胜、资源、那坡、田林、环江、金秀
重庆	南川、城口、奉节、巫山、巫溪、石柱
四川	成都、盐边、古蔺、平武、峨边、峨眉山、彭山、洪雅、雅安、荥经、汉源、石棉、天全、宝兴、阿坝、汶川、理县、茂县、九寨沟、金川、小金、马尔康、阿坝、泸定、丹巴、木里、盐源、美姑、雷波
贵州	贵阳、道真、江口、纳雍、镇远、雷山、罗甸、三都
云南	昆明、巧家、绥江、威信、丽江、景东、金平、西畴、麻栗坡、鹤庆、维西
陕西	鄠邑、宝鸡、南郑、城固、略阳、留坝、石泉、宁陕、岚皋、平利、镇坪、山阳、镇安
甘肃	兰州、天水、徽县、舟曲

4. 南方红豆杉

省级行政区	分布区域
山西	阳城
吉林	安图
江苏	南京
浙江	杭州、平阳、苍南、泰顺、乐清、安吉、金华、天台、仙居、丽水
安徽	黄山、六安
福建	永泰、沙县、将乐、德化、南靖、南平、延平、浦城、光泽、武夷山、建阳、长汀、连城
江西	新建、乐平、九江、分宜、上犹、崇义、龙南、全南、宁都、会昌、石城、遂川、安福、井冈山、奉新、宜丰、靖安、铜鼓、黎川、宜黄、资溪、广昌、上饶
河南	嵩县、卢氏
湖北	房县、兴山、恩施、利川、巴东、宣恩、来凤
湖南	衡阳、城步、石门、慈利、桑植、东安、芷江、永顺、龙山
广东	仁化、乳源、乐昌、连山、连州
广西	融安、融水、临桂、全州、兴安、龙胜、贵港
重庆	南川、秀山、酉阳
四川	都江堰、叙永、广元、峨边、峨眉山、大竹、天全、芦山、宝兴、汶川、理县、茂县、金川、小金、马尔康、康定、丹巴、美姑、雷波
贵州	开阳、息烽、绥阳、凤冈、湄潭、习水、仁怀、江口、石阡、印江、德江、沿河、松桃、毕节、施秉、黎平、从江、雷山、黔南、荔波、贵定、瓮安、独山
云南	彝良、景东、金平、西畴、麻栗坡、贡山、德钦、维西
西藏	吉隆、察隅
陕西	鄠邑、太白、略阳、留坝、石泉、紫阳、岚皋、山阳、镇安
甘肃	天水、宕昌、康乐、舟曲
台湾	全部区域

5. 榧

省级行政区	分布区域
辽宁	太平
上海	徐汇、闵行、宝山、嘉定、松江
江苏	南京、崇安、宜兴
浙江	杭州、泰顺、安吉、绍兴、金华、天台、临海、丽水

续表

省级行政区	分布区域
安徽	安庆、黄山、霍山、贵池、广德、泾县
福建	厦门、三明、南平、上杭
江西	景德镇、九江、龙南、会昌、遂川、宜春、奉新、宜丰、靖安、铜鼓、黎川、资溪、广丰、铅山、鄱阳、婺源、德兴
山东	青岛
河南	南阳、信阳、嵩县
湖北	宜昌、保康、罗田、通山、利川、巴东
湖南	宁乡、南岳、衡山、新宁、张家界、东安、沅陵、涟源、古丈
广东	乳源
重庆	长寿、南川、城口、武隆
广西	全部区域
四川	马尔康
贵州	修文、桐梓、铜仁、施秉、黎平、麻江
云南	昆明、丽江、西畴、德钦、维西
西藏	察隅
陕西	略阳

6. 巴山榧

省级行政区	分布区域
浙江	临安
安徽	霍山
河南	商城、嵩县、南召
湖北	武昌、十堰、宜昌、保康、通山、巴东、神农架
湖南	石门
重庆	南川、城口、巫山
四川	广元、峨眉山、万源、宝兴、南江
云南	贡山
陕西	眉县、勉县、略阳、岚皋、平利、镇坪、旬阳、山阳
甘肃	武都、成县、徽县

7. 大叶榉树

省级行政区	分布区域
河北	承德
山西	运城、垣曲、翼城
上海	徐汇、静安、普陀、闸北、杨浦、闵行、宝山、嘉定、浦东新、金山、松江、奉贤、崇明
江苏	南京、无锡、宜兴、溧阳、金坛、苏州、海门、扬州、宝应、镇江、句容
浙江	杭州、泰顺、海宁、磐安、天台、仙居、遂昌、龙泉
安徽	淮南、马鞍山、黄山、歙县、休宁、滁州、广德
福建	福州、厦门、建宁、南平、武夷山
江西	南昌、萍乡、九江、贵溪、石城
河南	郑州、嵩县、新乡、卢氏、灵宝、南阳、信阳
湖北	武汉、十堰、红安、罗田、英山、利川、咸丰、神农架
湖南	长沙、炎陵、湘潭、洞口、岳阳、石门、宜章、永州、沅陵、溆浦、湘西、吉首、泸溪、古丈、永顺
广东	乳源
广西	桂林、临桂、德保、靖西、隆林、天峨、大新
重庆	南川
四川	成都
贵州	紫云、松桃、望谟、册亨、安龙、凯里、黎平、榕江、罗甸
云南	嵩明、水富、开远、德钦
西藏	察隅
陕西	周至、佛坪、紫阳、平利、商南、镇安
甘肃	天水
台湾	高雄、南投

8. 连香树

省级行政区	分布区域
北京	海淀
山西	沁水、垣曲、翼城
上海	松江
浙江	临安、遂昌
江苏	全部区域
安徽	岳西、金寨、霍山
江西	九江、宜春、婺源
河南	嵩县、西峡、信阳、济源
湖北	宜昌、保康、利川、建始、巴东、宣恩、鹤峰、神农架
湖南	新宁、石门、桑植、新化

续表

省级行政区	分布区域
重庆	万州、长寿、南川、城口、开州、巫山、巫溪
四川	都江堰、崇州、峨眉山、洪雅、石棉、天全、宝兴、松潘、小金、阿坝、泸定、九龙、越西、美姑、雷波
贵州	桐梓、黎平
云南	盘龙、巧家、镇雄
陕西	周至、鄠邑、宝鸡、佛坪、宁陕、平利、镇坪
甘肃	西固、天水、舟曲、迭部

9. 金荞麦

省级行政区	分布区域
上海	宝山
江苏	南京、宜兴、常熟、扬州、镇江
浙江	杭州、宁波、平阳、文成、嵊州、兰溪、开化、舟山、天台、温岭、丽水、遂昌、龙泉
安徽	芜湖、屯溪、歙县、休宁、太和、舒城、池州
福建	将乐、南靖、南平、长汀、屏南
江西	萍乡、九江、庐山、大余、上犹、安远、宁都、石城、遂川、安福、永新、井冈山、宜春、袁州、奉新、万载、宜丰、靖安、铜鼓、黎川、南丰、宜黄、广昌、上饶
河南	信阳、商城、嵩县
湖北	竹溪、宜昌、荆门、来凤、神农架
湖南	攸县、炎陵、衡阳、邵阳、邵东、新邵、隆回、洞口、绥宁、新宁、城步、武冈、桃源、石门、张家界、宜章、桂东、资兴、东安、江永、宁远、鹤城、中方、沅陵、靖州、洪江、新化、吉首、泸溪、花垣、保靖、古丈、永顺
广东	始兴、仁化、乳源、新丰、乐昌、怀集、连平、连山、连州
广西	南宁、融水、桂林、资源、梧州、容县、百色、龙州
重庆	涪陵、黔江、长寿、江津、南川、綦江、城口、垫江、武隆、忠县、开州、云阳、奉节
四川	成都、自贡、攀枝花、泸州、叙永、峨眉山、宜宾、雅安、天全、宝兴、若尔盖、红原、康定、巴塘、凉山、木里、会理、会东、普格
贵州	息烽、六枝特、盘州、石阡、德江、沿河、松桃、兴义、兴仁、普安、望谟、册亨、安龙、毕节、威宁、赫章、凯里、锦屏、剑河、都匀、瓮安、罗甸、龙里
云南	昆明、玉溪、腾冲、龙陵、巧家、水富、丽江、景东、凤庆、永德、镇康、楚雄、屏边、绿春、文山、景洪、勐海、勐腊、大理、潞西、梁河、泸水、福贡、贡山、兰坪、香格里拉、德钦、维西
西藏	林芝
陕西	眉县、西乡、略阳、镇巴、岚皋、平利、旬阳
甘肃	文县

10. 马蹄香

省级行政区	分布区域
江西	安福
河南	嵩县、栾川、南阳
湖北	房县、兴山、神农架
重庆	南川、巫溪
四川	茂县
陕西	太白、山阳、镇安
甘肃	康县

11. 紫斑牡丹

省级行政区	分布区域
辽宁	全部区域
河南	嵩县、内乡
湖北	宜昌、保康、神农架
陕西	宜川、略阳
甘肃	天水、文县、徽县、舟曲

12. 杨山牡丹

省级行政区	分布区域
安徽	南陵、铜陵
河南	郑州、嵩县、卢氏、西峡、内乡
湖北	保康
重庆	南川
陕西	太白、黄陵

13. 矮牡丹

省级行政区	分布区域
山西	稷山、永济
河南	嵩县、济源
陕西	鄠邑、华阴、延安
甘肃	兰州

14. 中原牡丹

省级行政区	分布区域
河南	嵩县
湖北	保康

15. 红景天

省级行政区	分布区域
北京	门头沟
天津	河北
河北	易县、蔚县、怀来、涿鹿、赤城、兴隆
山西	太谷、五台、宁武、离石、交城
内蒙古	克什克腾旗
吉林	抚松、长白、安图
四川	康定、泸定、稻城
云南	丽江、贡山
甘肃	舟曲
青海	同仁
新疆	和静、塔什库尔干、霍城、托里、阿勒泰、富蕴
河南	嵩县

16. 云南红景天

省级行政区	分布区域
河南	卢氏、西峡、商城、嵩县
湖北	武汉、兴山、保康、巴东、鹤峰、神农架
湖南	石门、桑植
重庆	南川、城口、武隆、奉节、巫山、巫溪、彭水
四川	米易、盐边、峨边、峨眉山、屏山、汉源、石棉、天全、宝兴、汶川、理县、茂县、松潘、金川、小金、黑水、马尔康、壤塘、康定、泸定、雅江、道孚、稻城、得荣、西昌、木里、盐源、普格、布拖、金阳、冕宁、越西、美姑、雷波
贵州	江口、印江、威宁
云南	东川、禄劝、澄江、丽江、镇康、金平、大理、福贡、兰坪、德钦、维西
西藏	林芝
陕西	蓝田、周至、鄠邑、宝鸡、眉县、凤县、太白、华阴、洋县、镇巴、佛坪、安康、宁陕、岚皋、平利、镇坪、旬阳、山阳、镇安、柞水
甘肃	西固、天水、武都、文县、宕昌、康县、迭部

17. 野大豆

省级行政区	分布区域
北京	丰台、海淀、门头沟、房山、昌平、密云、延庆
天津	河北、蓟州
河北	行唐、赞皇、乐亭、迁西、北戴河、青龙、抚宁、涉县、磁县、永年、邢台、保定、宣化、涿鹿、承德
山西	太原、天镇、沁县、晋城、昔阳、太谷、运城、定襄、五台、静乐、河曲、隰县、永和、蒲县、交城、兴县、临县、中阳
内蒙古	赤峰、阿荣、鄂伦春、扎兰屯
辽宁	沈阳、大连、鞍山、抚顺、桓仁、丹东、鲅鱼圈、盖州、阜新、辽阳、盘山、铁岭
吉林	长春、蛟河、双辽、抚松、长白、长岭、通榆、安图
黑龙江	哈尔滨、龙江、依安、泰来、甘南、克东、拜泉、鸡西、萝北、肇源、伊春、勃利、宁安、黑河、青冈、海伦、呼玛
上海	卢湾、长宁、普陀、闵行、浦东新、松江、奉贤
江苏	南京、无锡、徐州、苏州、如东、启东、连云港、盱眙、阜宁、射阳、扬州、镇江
浙江	杭州、嘉兴、安吉、舟山、台州、丽水
安徽	肥东、潜山、岳西、黄山、全椒、舒城、金寨、霍山、东至、石台、青阳、宣城
福建	建宁、延平、松溪、邵武、武夷山、建阳、龙岩、宁德
江西	南昌、九江、大余、上犹、石城、吉安、宜春、黎川、资溪、上饶
山东	历城、桓台、滕州、东营、牟平、潍坊、济宁、泰安
河南	郑州、嵩县、伊川、新乡、修武、卢氏、灵宝、南阳、信阳
湖北	武汉、黄石、十堰、兴山、五峰、保康、荆门、罗田、黄梅、咸宁、恩施、巴东、咸丰、神农架
湖南	长沙、攸县、衡阳、邵阳、常德、慈利、安化、宜章、桂东、东安、江永、中方、沅陵、靖州、洪江、湘西、泸溪、凤凰、保靖、古丈、永顺
广东	广州、始兴、乳源、梅县、阳江
广西	桂林
重庆	城口、云阳、巫溪
四川	成都、广汉、绵阳、剑阁、峨边、峨眉山、芦山、宝兴、普格
贵州	铜仁
云南	玉溪、鹤庆、福贡
陕西	西安、眉县、陇县、太白、咸阳、延安、汉中、榆林、安康、商洛
甘肃	天水、合水、文县、徽县
宁夏	灵武、中卫
台湾	台北

18. 红椿

省级行政区	分布区域
江苏	崇安
安徽	宣城
福建	南靖
江西	石城、资溪
湖北	来凤
湖南	桑植、花垣
广东	曲江、乳源、乐昌、珠海、茂名、云浮
广西	灌阳、合浦、容县、博白、百色、田阳、平果、那坡、田林、西林、隆林、金秀
海南	三亚、东方、定安、白沙、乐东、保亭
重庆	南川
四川	米易、峨眉山、德昌
贵州	正阳、兴义、望谟、安龙、罗甸
云南	昆明、丽江、河口、西双版纳、大理、怒江
西藏	察隅
河南	嵩县

19. 庙台槭

省级行政区	分布区域
河南	西峡、嵩县
湖北	神农架
陕西	西安
甘肃	天水

20. 中华猕猴桃

省级行政区	分布区域
北京	海淀
上海	普陀
江苏	南京
浙江	杭州、宁波、丽水
安徽	岳西、黄山
福建	泰宁、建宁、南平、邵武、武夷山

续表

省级行政区	分布区域
江西	新建、浮梁、乐平、萍乡、九江、贵溪、兴国、石城、吉安、宜春、黎川、南丰、宜黄、东乡、广昌、铅山、婺源
河南	栾川、嵩县、鲁山、辉县、卢氏、灵宝、南阳、信阳
湖北	武汉、十堰、宜昌、保康、麻城、通城、崇阳、通山、恩施、利川、建始、巴东、宣恩、神农架
湖南	茶陵、炎陵、南岳、衡山、祁东、邵阳、平江、石门、张家界、桃江、安化、宜章、永州、沅陵、会同、新晃、芷江、通道、洪江、新化、吉首、泸溪、凤凰、保靖、古丈、永顺、龙山
广东	乳源、乐昌、连南
广西	桂林、岑溪
重庆	南川、城口、丰都、武隆、开州、奉节、巫山、巫溪、石柱
四川	崇州、叙永、平武、旺苍、峨眉山、洪雅、筠连、石棉、天全、宝兴、通江、南江、汶川、松潘、金阳、雷波
贵州	贵阳、六盘水、遵义、平坝、普定、铜仁、兴仁、贞丰、册亨、安龙、纳雍、威宁、赫章、黔东南、凯里、黄平、施秉、锦屏、黎平、榕江、从江、雷山、麻江、黔南、都匀、荔波、瓮安、平塘、罗甸、龙里
云南	沾益、昭通、广南
陕西	西安、眉县、太白、南郑、洋县、勉县、镇巴、留坝、佛坪、石泉、宁陕、岚皋、平利、镇坪、丹凤、山阳、镇安、柞水
甘肃	天水、文县、康县、徽县
台湾	台中、南投、花莲

21. 软枣猕猴桃

省级行政区	分布区域
北京	海淀、门头沟、房山、昌平、怀柔、密云、延庆
天津	河北、蓟州
河北	井陉、灵寿、平山、迁西、秦皇岛、青龙、武安、涞水、阜平、易县、涿州、张家口、承德
山西	沁水、灵石、介休、运城、翼城、霍州
辽宁	庄河、鞍山、清原、本溪、丹东、铁岭、绥中
吉林	南关、蛟河、桦甸、通化、抚松、长白、临江、和龙、安图
黑龙江	尚志、伊春
江苏	连云港
浙江	杭州、瑞安、金华、天台、遂昌、庆元、龙泉

续表

省级行政区	分布区域
安徽	黄山
福建	建宁、平和、武夷山
江西	九江、井冈山、铅山
山东	青岛、烟台、泰安、威海
河南	栾川、嵩县、鲁山、卢氏、灵宝、西峡、信阳
湖北	竹溪、宜昌、恩施、神农架
湖南	炎陵、南岳、新宁、桑植、桃江、东安
广西	融水、兴安、龙胜
重庆	城口、奉节、巫山、巫溪
四川	都江堰、峨眉山、石棉、天全、宝兴、康定、布拖、金阳、冕宁、美姑、雷波
贵州	江口、纳雍、威宁、施秉、雷山、都匀
云南	富民、大关、镇雄、丽江、永德、屏边、元阳、文山、宾川、贡山、兰坪、德钦、维西
陕西	西安、宝鸡、渭南、洋县、佛坪、宁陕、岚皋、平利、镇坪、丹凤、商南、山阳
甘肃	天水、文县、徽县
台湾	台中

22. 紫椴

省级行政区	分布区域
北京	海淀、门头沟、昌平、延庆
天津	河北
河北	元氏、蔚县、赤城、承德
山西	夏县、永济
内蒙古	宁城、扎鲁特
辽宁	沈阳、大连、鞍山、本溪、丹东、北宁、营口、铁岭
吉林	蛟河、桦甸、抚松、靖宇、长白、临江、敦化、珲春、和龙、汪清、安图
黑龙江	哈尔滨、密山、宝清、伊春、勃利、宁安、黑河
山东	青岛、泰安
河南	济源、卢氏、西峡、嵩县
湖北	武昌、罗田
陕西	宝鸡、华县、佛坪、丹凤、商南、柞水
甘肃	徽县

23. 竹节参

省级行政区	分布区域
黑龙江	依兰
浙江	临安、泰顺、天台、龙泉
安徽	岳西、黄山、霍山
江西	武宁、遂川
湖北	宜昌、恩施
湖南	新宁、武冈
广西	武鸣、融水、全州、龙胜、资源、田林
重庆	南川
四川	叙永、峨眉山、天全、黑水、阿坝、美姑、雷波
贵州	兴仁、贞丰、安龙、榕江、雷山
云南	腾冲、巧家、大关、绿春、福贡、贡山
西藏	隆子、错那、米林
陕西	岚皋
甘肃	天水
河南	嵩县

24. 疙瘩七

省级行政区	分布区域
安徽	岳西
湖北	五峰、巴东、神农架
重庆	南川、巫山、巫溪
四川	平武、峨边、峨眉山、屏山、石棉、宝兴、汶川、理县、茂县、九寨沟、金川、小金、黑水、马尔康、若尔盖、康定、九龙、乡城、稻城、木里、会东、金阳、冕宁、甘洛
贵州	威宁
云南	东川、丽江、大理、贡山、德钦、维西
西藏	错那、林芝
陕西	太白、佛坪
甘肃	康乐、舟曲
青海	循化
河南	嵩县

25. 山茴香

省级行政区	分布区域
河北	易县、蔚县
内蒙古	满洲里、阿尔山
辽宁	大连、丹东
吉林	安图
山东	青岛
广西	蒙山
云南	西双版纳
河南	嵩县

26. 水曲柳

省级行政区	分布区域
山西	全部区域
辽宁	鞍山、本溪、营口、西丰
吉林	安图
黑龙江	哈尔滨、虎林、伊春、宁安
陕西	周至
河南	嵩县

27. 香果树

省级行政区	分布区域
江苏	宜兴、溧阳
浙江	杭州、天台、遂昌、景宁
安徽	黄山、六安、宣城
福建	武夷山
江西	乐平、九江、庐山、贵溪、上犹、石城、遂川、宜丰、铜鼓、宜黄、广昌、铅山、婺源、德兴
河南	栾川、嵩县、桐柏、信阳
湖北	竹溪、宜昌、京山、罗田、崇阳、通山、恩施、利川、巴东、宣恩、鹤峰、神农架
湖南	浏阳、衡阳、洞口、绥宁、新宁、武冈、桃源、石门、慈利、桑植、沅陵、新晃、芷江、湘西、吉首、凤凰、保靖、古丈、永顺、龙山
广西	临桂、兴安、那坡、乐业、隆林、大新
重庆	南川、奉节、巫山

续表

省级行政区	分布区域
四川	成都、平武、乐山、峨眉山、筠连、石棉、天全、芦山、宝兴、松潘、九龙、盐源、越西
贵州	贵阳、桐梓、绥阳、正安、凤冈、湄潭、习水、仁怀、平坝、铜仁、贞丰、望谟、毕节、施秉、天柱、锦屏、剑河、台江、黎平、丹寨、荔波、瓮安、独山、平塘
云南	玉溪、镇雄、永德、文山、马关
陕西	眉县、勉县、略阳、紫阳、镇坪
甘肃	文县

28. 华重楼

省级行政区	分布区域
山西	垣曲、翼城、永和
浙江	建德、临安、武义、开化、天台、遂昌、云和、龙泉
安徽	岳西、黄山
福建	将乐、南靖、南平、武夷山、连城
江西	浮梁、萍乡、九江、贵溪、大余、上犹、崇义、安远、龙南、定南、全南、宁都、会昌、寻乌、石城、瑞金、遂川、安福、永新、宜丰、靖安、黎川、宜黄、广昌、婺源
河南	嵩县、商城
湖北	恩施、宣恩
湖南	衡阳、桑植、宜章、洪江、永顺
广东	曲江、乳源、乐昌、信宜、蕉岭、连山、英德
广西	武鸣、马山、上林、宾阳、融水、临桂、全州、兴安、永福、龙胜、资源、平南、靖西、那坡、凌云、田林、隆林、贺州、兴宾、金秀、龙州
海南	全部区域
重庆	万州、北碚、城口、武隆
四川	都江堰、茂县
贵州	贵阳、兴义、安龙、毕节、凯里、雷山
云南	昆明、金平、文山、麻栗坡、勐海、泸水、德钦
西藏	墨脱
陕西	眉县、镇巴、镇坪
甘肃	全部区域
宁夏	泾源
台湾	全部区域

29. 狭叶重楼

省级行政区	分布区域
山西	晋城、稷山、垣曲、翼城
江苏	句容
浙江	临安、泰顺、开化
安徽	全部区域
福建	武夷山
江西	萍乡、修水、遂川、安福、宜春
河南	卢氏、嵩县
湖北	房县、兴山、建始、巴东、鹤峰、神农架
湖南	武冈、石门、龙山
广东	全部区域
广西	融水
重庆	南川、城口、巫溪
四川	都江堰、青川、乐山、峨边、马边、峨眉山、雅安、石棉、天全、宝兴、南江、汶川、理县、茂县、松潘、金川、小金、黑水、康定、泸定、木里、会理、冕宁、越西、美姑、雷波
贵州	印江
云南	丽江、泸水
西藏	聂拉木、察隅
陕西	蓝田、周至、鄠邑、耀州、宝鸡、华阴、黄陵、南郑、镇巴、留坝、佛坪、石泉、宁陕、岚皋、平利、镇坪、旬阳、丹凤、商南、镇安、柞水
甘肃	兰州、天水、平凉、武都、文县、康县、舟曲
宁夏	泾源
台湾	台中

30. 宽叶重楼

省级行政区	分布区域
山西	沁水、阳城、夏县、翼城、霍州
江苏	全部区域
安徽	滁州
江西	瑞金
河南	栾川、嵩县、汝阳、卢氏、西峡、商城
湖北	兴山
湖南	衡阳
广西	兴安
陕西	鄠邑、太白、南郑、佛坪、平利、镇坪
甘肃	天水、漳县、宕昌

31. 荞麦叶大百合

省级行政区	分布区域
江苏	宜兴
浙江	杭州、宁波、文成、泰顺、安吉、磐安、天台、临海、遂昌、景宁、龙泉
安徽	黄山、霍山
福建	厦门、将乐、武夷山
江西	庐山、九江、上犹、寻乌、遂川、安福、井冈山、宜春、铅山、婺源
河南	嵩县、西峡、信阳
湖北	阳新、宜昌、崇阳、通山、建始、巴东、宣恩、咸丰、鹤峰、神农架
湖南	衡山、洞口、临湘、石门、慈利、桑植、宜章、沅陵、湘西、永顺
广西	融水、梧州、金秀
重庆	江津、南川、巫溪、石柱、彭水
贵州	都匀
陕西	镇坪

32. 乳头百合

省级行政区	分布区域
四川	木里
云南	丽江
西藏	察隅
陕西	丹凤、商南
河南	嵩县

33. 川贝母

省级行政区	分布区域
山西	离石
重庆	奉节、巫溪
四川	盐边、峨边、峨眉山、天全、茂县、松潘、小金、若尔盖、康定、泸定、九龙、雅江、道孚、巴塘、乡城、稻城、木里、会东、普格、冕宁
云南	禄劝、丽江、大理、漾濞、德钦、维西
西藏	拉萨、类乌齐、八宿、左贡、芒康、定结、亚东、吉隆、聂拉木、嘉黎、比如、索县、林芝
陕西	蓝田、眉县、佛坪、柞水
青海	玉树、囊谦
河南	嵩县

34. 太白贝母

省级行政区	分布区域
重庆	城口、巫溪
陕西	眉县、太白、洋县、佛坪、安康、宁陕
甘肃	天水、平凉
河南	嵩县

35. 毛杓兰

省级行政区	分布区域
山西	沁源、介休、垣曲、河曲、霍州
河南	栾川、嵩县、三门峡、南阳
湖北	兴山、鹤峰、神农架
重庆	城口、巫山、巫溪
四川	广元、宝兴、汶川、理县、松潘、黑水、阿坝、康定
云南	丽江
陕西	长安、蓝田、周至、宝鸡、武功、华阴、略阳、留坝、石泉、宁陕、商洛
甘肃	西固、永登、天水、合水、漳县、岷县、武都、文县、宕昌、徽县、舟曲、迭部、夏河
青海	乐都、互助、囊谦
宁夏	隆德

36. 大花杓兰

省级行政区	分布区域
北京	房山
河北	涞源、怀来、兴隆
山西	垣曲、五台、宁武
吉林	抚松、安图
青海	班玛
河南	嵩县

37. 独花兰

省级行政区	分布区域
江苏	南京
浙江	临安
安徽	金寨
江西	九江、庐山、星子
河南	灵宝、信阳、嵩县
湖北	宜昌、兴山、利川
湖南	长沙、南岳
重庆	南川、巫山
四川	汶川、茂县、盐源
甘肃	文县

38. 独蒜兰

省级行政区	分布区域
浙江	临安、天台、丽水
安徽	全部区域
福建	南靖、顺昌、武夷山、上杭
江西	武宁、大余、上犹、遂川、铜鼓、黎川、南丰
湖北	通城、宣恩
湖南	新宁
广东	乳源
广西	横州、融水、全州、龙胜、资源、金秀
重庆	南川、城口、石柱
四川	米易、峨眉山、筠连、兴文、石棉、天全、茂县、松潘、康定、泸定、九龙、稻城、西昌、木里、盐源、普格、冕宁、越西、雷波
贵州	紫云、印江、望谟、安龙、纳雍、凯里、雷山
云南	昆明、峨山、大关、双柏、开远、文山、大理、漾濞、宾川、贡山、兰坪、维西
陕西	洋县、平利、柞水
河南	嵩县

39. 蕙兰

省级行政区	分布区域
江苏	全部区域
浙江	临安、遂昌、云和、龙泉
安徽	岳西、黄山
福建	漳州
江西	新建、九江、寻乌、遂川、婺源
河南	焦作、灵宝、南阳、信阳、嵩县
湖北	宜昌
湖南	芷江
广东	乳源
广西	南宁、兴安、凌云
重庆	南川
四川	峨眉山、天全、九寨沟、黑水
贵州	兴仁、安龙、台江
云南	永胜
西藏	波密
陕西	华阴、城固、宁强、平利、旬阳、山阳
甘肃	文县、康县

40. 天麻

省级行政区	分布区域
河北	内丘
吉林	抚松、长白
安徽	岳西、金寨
江西	全部区域
河南	济源、卢氏、南阳、西峡、嵩县
湖北	恩施、建始、巴东、宣恩、神农架
湖南	新宁、城步、石门、桑植
广西	资源
重庆	南川、城口、武隆、奉节、巫溪、石柱、彭水
四川	成都、都江堰、苍溪、峨边、马边、峨眉山、洪雅、屏山、宣汉、雅安、荥经、天全、南江、汶川、茂县、黑水、康定、九龙、越西、美姑、雷波

续表

省级行政区	分布区域
贵州	正阳、道真、施秉、雷山
云南	昆明、永善、丽江、屏边、文山、贡山
西藏	错那、波密、察隅
陕西	蓝田、周至、鄠邑、眉县、凤县、太白、渭南、佛坪、石泉、平利、旬阳、商洛
甘肃	文县、康县、舟曲

41. 杜鹃兰

省级行政区	分布区域
山西	介休、运城、夏县
上海	徐汇
江苏	南京、宜兴
浙江	临安
安徽	岳西、金寨、霍山
江西	景德镇、九江、龙南、兴国、宜丰
河南	辉县、卢氏、灵宝、内乡、商城、嵩县
湖北	巴东、神农架
湖南	绥宁、桑植、东安、沅陵、湘西、永顺
广东	乳源、连州
广西	那坡、乐业、天峨
重庆	黔江、江津、南川、城口、武隆
四川	叙永、峨眉山、洪雅、天全、雷波
贵州	遵义、绥阳、习水、普定、铜仁、江口、松桃、普安、安龙、毕节、凯里、锦屏、雷山、惠水
云南	腾冲、永善、绥江、凤庆、西畴、漾濞、鹤庆、盈江、福贡、贡山
西藏	波密
陕西	周至、眉县、陇县、华阴、汉阴、石泉、宁陕、岚皋、平利、镇坪、旬阳、柞水
甘肃	天水、文县、康县、舟曲
台湾	嘉义

42. 铁杉

省级行政区	分布区域
江苏	南京
浙江	临安、龙泉
安徽	黄山、歙县、霍山
福建	福州、泰宁、南平、武夷山、上杭
江西	萍乡、九江、安福、井冈山、宜春、上饶
山东	青岛
河南	嵩县、鲁山、卢氏、灵宝、西峡、内乡
湖北	十堰、宜昌、恩施、神农架
湖南	炎陵、新宁、石门、桑植、郴州、东安、沅陵、永顺
广东	乳源、廉江
广西	融水、兴安、金秀
重庆	万州、江津、城口、巫山、巫溪
四川	都江堰、米易、盐边、平武、峨边、峨眉山、石棉、天全、宝兴、通江、南江、汶川、理县、茂县、金川、小金、马尔康、壤塘、康定、泸定、丹巴、九龙、凉山
贵州	贵阳、绥阳、正安、普定、铜仁、威宁、赫章、施秉、麻江、荔波、独山
云南	丽江、文山、大理、维西
陕西	西安、宝鸡、眉县、太白、华阴、城固、洋县、略阳、佛坪、石泉、宁陕、岚皋、平利、镇坪、旬阳、柞水
甘肃	西固、文县、舟曲、迭部
台湾	嘉义、台中

43. 粗榧

省级行政区	分布区域
北京	海淀
山西	繁峙
上海	长宁、普陀、杨浦、宝山
江苏	南京、宜兴、溧阳
浙江	杭州、余姚、瑞安、金华、开化、舟山、天台、庆元
安徽	潜山、黄山、庐江、金寨、霍山
福建	罗源、建宁、顺昌、武夷山
江西	九江、安福、靖安、铜鼓、上饶

续表

省级行政区	分布区域
河南	郑州、栾川、嵩县、汝阳、洛宁、鲁山、新乡、卢氏、灵宝、南阳、信阳
湖北	武汉、房县、丹江口、南漳、保康、罗田、英山、通山、恩施、神农架
湖南	浏阳、炎陵、洞口、绥宁、新宁、平江、张家界、宜章、新晃
广东	广州、乳源、信宜、罗定
广西	融安、融水、桂林、兴安、灌阳、龙胜、资源、荔浦、容县、百色、德保、靖西、那坡、乐业、田林、金秀、扶绥、宁明
海南	东方
重庆	南川、城口、丰都、武隆、云阳、奉节、巫溪、石柱
四川	都江堰、青川、苍溪、屏山、汉源、汶川、茂县、松潘、九寨沟、金川、西昌、会东、普格、昭觉、冕宁、越西、甘洛、美姑、雷波
贵州	贵阳、桐梓、绥阳、正安、铜仁、威宁、黔东南
云南	富民、禄劝、新平、龙陵、墨江、景东、西畴、麻栗坡、广南、富宁、景洪、勐海、云龙、福贡
陕西	西安、宝鸡、三原、武功、华县、华阴、汉中、石泉、宁陕、岚皋、平利、镇坪、旬阳、商南、山阳、镇安、柞水
甘肃	兰州、天水、武都、文县、宕昌、康县、徽县、舟曲

44. 青檀

省级行政区	分布区域
北京	朝阳、海淀、房山、昌平、怀柔
天津	河北
河北	磁县、涞水、阜平、易县
山西	阳城、陵川、垣曲
辽宁	大连、旅顺口
上海	闵行
江苏	南京、溧阳
浙江	杭州、桐庐、临安
安徽	黄山、滁州、萧县、舒城、金寨、霍山、池州、泾县
福建	厦门
江西	萍乡、九江、瑞金、黎川、玉山
山东	济南、黄岛、峄城、招远、曲阜、泰山、东平、东港

续表

省级行政区	分布区域
河南	嵩县、鲁山、新乡、南阳、信阳、济源
湖北	武汉、竹溪、丹江口、宜昌、保康、京山、罗田、英山、麻城、崇阳、通山、巴东、神农架
湖南	衡阳、邵阳、平江、常德、桑植、宜章、临武、永州、怀化、吉首、凤凰、保靖、古丈、永顺
广东	乳源、封开、阳山
广西	南宁、柳州、桂林、靖西、那坡、乐业、田林、隆林、贺州、天峨、凤山、东兰、罗城、都安
重庆	北碚、城口、巫溪
四川	古蔺、旺苍、剑阁、峨边、汶川、康定、雷波
贵州	贵阳、铜仁、兴义、兴仁、贞丰、望谟、安龙、黎平、荔波、平塘、罗甸
陕西	长安、周至、鄠邑、眉县、太白、华县、华阴、汉中、安康、商南、山阳
甘肃	天水、文县
青海	囊谦

45. 铁木

省级行政区	分布区域
天津	河北
河北	内丘、兴隆
山西	蒲县、中阳
辽宁	建平
江苏	南京
河南	嵩县、西峡
湖北	兴山、利川、鹤峰、神农架
四川	峨眉山、宝兴、理县、金川、九龙
陕西	鄠邑、太白、宁陕、岚皋
甘肃	西固、天水、平凉、宕昌、舟曲

46. 华榛

省级行政区	分布区域
天津	河北
河北	元氏

续表

省级行政区	分布区域
辽宁	义县
江苏	全部区域
河南	嵩县、林州、卢氏、南阳、商城
湖北	宜昌、鄂州、巴东
湖南	新宁、张家界、桑植、永顺
重庆	南川、巫山
四川	平武、宝兴、通江、汶川、松潘、康定、泸定、木里、德昌、美姑、雷波
贵州	毕节
云南	嵩明、镇雄、丽江、漾濞、鹤庆、德钦、维西
陕西	鄠邑、凤县、石泉、宁陕、岚皋
甘肃	西固、天水、文县

47. 领春木

省级行政区	分布区域
浙江	临安
河南	栾川、嵩县、卢氏、南阳
湖北	竹溪、宜昌、恩施、神农架
湖南	桑植
重庆	城口、开州、巫溪
四川	古蔺、平武、乐山、峨眉山、洪雅、天全、宝兴、通江、汶川、茂县、小金、康定、泸定、九龙、金阳、越西、雷波
陕西	蓝田、周至、鄠邑、太白、佛坪、平利、镇坪、丹凤
甘肃	文县、舟曲

48. 玉兰

省级行政区	分布区域
北京	门头沟
天津	河北
河北	蔚县
山西	太原
辽宁	大连、丹东、营口
上海	全部区域

续表

省级行政区	分布区域
江苏	南京、无锡、常熟
浙江	杭州、奉化、湖州、诸暨、江山、天台、龙泉
安徽	铜陵、潜山、黄山、歙县、六安、青阳、广德
福建	福州、厦门、三明、浦城
江西	南昌、景德镇、莲花、九江、分宜、赣县、大余、兴国、石城、吉安、奉新、宜丰、靖安、黎川、南丰、宜黄、资溪、广昌、上饶
山东	青岛
河南	栾川、嵩县、西峡、信阳
湖北	武汉、罗田、英山、通山、巴东、宣恩、咸丰、鹤峰、神农架
湖南	南岳、衡山、祁东、邵阳、洞口、新宁、华容、石门、桑植、郴州
广东	广州、乳源、乐昌
广西	桂林
重庆	南川
四川	成都、峨边、石棉、天全、甘洛、美姑、雷波
贵州	贵阳、遵义、石阡、雷山、都匀、罗甸
云南	昆明、景东、楚雄
西藏	墨脱
陕西	周至、鄠邑、眉县、富平、汉中、安康、镇安
甘肃	文县、徽县
台湾	台北

49. 杜仲

省级行政区	分布区域
北京	海淀、延庆
天津	蓟州
河北	井陉、唐山、抚宁、赤城
山西	太原、沁水、永济
内蒙古	呼和浩特
辽宁	营口
上海	静安、普陀、闵行、浦东新、金山、奉贤
江苏	南京、无锡
浙江	杭州、宁波、文成、安吉、磐安、兰溪、开化、天台

续表

省级行政区	分布区域
安徽	芜湖、铜陵、歙县、黟县、祁门、金寨、石台、宣城
福建	福州、厦门、三明、德化、诏安、南平、顺昌
江西	南昌、九江、分宜、安福、井冈山、宜春、靖安、铜鼓、黎川、资溪
山东	济南、沂源、枣庄、广饶、烟台、临朐、昌乐、济宁、泰安、泰山、岱岳、宁阳、东港、五莲、莱城、郯城、沂水、费县、蒙阴、德城、宁津、单县、定陶
河南	郑州、嵩县、宜阳、鲁山、新乡、禹州、卢氏、南阳、西峡、镇平、夏邑、信阳
湖北	武汉、房县、宜昌、保康、京山、罗田、通山、恩施、神农架
湖南	长沙、南岳、衡南、祁东、邵阳、平江、石门、慈利、郴州、道县、江永、沅陵、会同、通道、湘西
广东	梅州、连州
广西	南宁、鹿寨、融水、桂林、资源、凌云、田林、西林、隆林、凤山、金秀
海南	万宁
重庆	万州、南川、城口、武隆、奉节、巫山、巫溪、石柱
四川	攀枝花、叙永、古蔺、苍溪、乐山、宜宾、宣汉、荥经、通江、甘孜、泸定、凉山、雷波
贵州	贵阳、六枝特、盘州、遵义、余庆、习水、赤水、平坝、普定、铜仁、兴义、兴仁、晴隆、贞丰、望谟、册亨、安龙、毕节、纳雍、三穗、锦屏、剑河、台江、榕江、从江、雷山、都匀、荔波、瓮安、独山、平塘、罗甸、长顺、龙里、惠水
云南	罗平、巧家、大关、镇雄、古城、永胜、思茅
陕西	西安、宝鸡、华县、南郑、洋县、勉县、略阳、镇巴、留坝、佛坪、安康、石泉、紫阳、岚皋、平利、镇坪、丹凤
甘肃	华亭、文县、康县

50. 山白树

省级行政区	分布区域
北京	海淀
山西	阳城、垣曲
福建	闽侯
山东	泰安
河南	栾川、嵩县、卢氏、西峡、内乡、信阳、济源
湖北	十堰、宜昌、神农架
重庆	城口
四川	安县、旺苍

续表

省级行政区	分布区域
陕西	周至、眉县、太白、汉中、宁陕、岚皋、平利、镇坪、商南
甘肃	天水、文县、康县、徽县

51. 河南海棠

省级行政区	分布区域
北京	海淀
河北	涉县、磁县、武安
山西	沁源、晋城、运城、五台、翼城、吉县、乡宁、蒲县
山东	全部区域
河南	栾川、嵩县、汝阳、鲁山、卢氏、灵宝、南阳、内乡、信阳
湖北	兴山、建始、巴东、神农架
湖南	石门
广西	灵川
重庆	奉节
陕西	西安、宝鸡、太白、华县、华阴、黄龙、勉县、安康、山阳、镇安
甘肃	西固、武山、武都、成县、文县、宕昌、康县、徽县、舟曲
青海	西宁

52. 蜡枝槭

省级行政区	分布区域
安徽	安庆
湖北	武汉
四川	崇州
陕西	南郑、镇巴
河南	嵩县

53. 重齿槭

省级行政区	分布区域
江西	九江、奉新
台湾	台中、南投
河南	嵩县

54. 暖木

省级行政区	分布区域
浙江	临安
安徽	黄山、金寨
福建	武夷山
江西	铅山
河南	栾川、卢氏、南阳、西峡、商城、嵩县
湖北	宜昌、兴山、恩施、神农架
湖南	衡山、新宁、武冈、桑植
广西	融水、全州、兴安
四川	马边、泸定、雷波
贵州	石阡、雷山
云南	维西
陕西	蓝田、周至、鄠邑、眉县、太白、渭南、南郑、安康、丹凤、镇安
甘肃	舟曲

55. 刺楸

省级行政区	分布区域
天津	河北、蓟州
河北	遵化、内丘、兴隆、青县
山西	沁县、阳城、运城
辽宁	大连、凤城
吉林	桦甸
上海	徐汇、嘉定、浦东新
江苏	南京、宜兴、连云港、镇江、句容
浙江	杭州、临安、宁波、镇海、奉化、舟山、天台
安徽	黄山、六安、霍山
江西	新建、萍乡、九江、遂川、安福、井冈山、宜丰、铜鼓、南丰
山东	青岛、淄博、烟台、青州、泰安、威海、日照、临沂
河南	栾川、洛宁、辉县、卢氏、南阳、信阳、嵩县
湖北	兴山、五峰、京山、钟祥、崇阳、利川、建始、巴东、宣恩、咸丰、来凤、鹤峰、神农架
湖南	长沙、洞口、新宁、岳阳、永定、慈利、桑植、桃江、安化、宜章、临武、零陵、怀化、凤凰、保靖、古丈、永顺
广东	乳源、乐昌、怀集、饶平
广西	融水、乐业、西林、昭平

续表

省级行政区	分布区域
重庆	城口、忠县、巫山
四川	成都、绵阳、安县、苍溪、峨眉山、天全、宝兴、资阳、越西、美姑
贵州	贵阳、桐梓、止安、湄潭、习水、平坝、普定、江口、思南、松桃、兴义、兴仁、晴隆、册亨、安龙、赫章、黄平、天柱、剑河、台江、都匀、平塘、龙里、惠水
云南	峨山、镇雄、彝良、贡山、维西
西藏	察隅
陕西	西安、南郑、城固、洋县、勉县、略阳、镇巴、留坝、佛坪、宁陕、岚皋、洛南、丹凤、商南
甘肃	天水、武都、舟曲

56. 玉铃花

省级行政区	分布区域
辽宁	庄河、岫岩、本溪、丹东、凤城
江苏	全部区域
浙江	杭州、安吉、天台
安徽	安庆、岳西、黄山、金寨、霍山
江西	修水、铜鼓
山东	济南、青岛、烟台、威海、日照、蒙阴
河南	西峡、嵩县
湖北	宜昌、罗田、通城
湖南	衡山、平江
四川	屏山

57. 河南杜鹃

省级行政区	分布区域
河南	嵩县、卢氏、灵宝、鹿邑

58. 太白杜鹃

省级行政区	分布区域
河南	卢氏、灵宝、南阳、嵩县
陕西	鄠邑、眉县、太白、渭南、华县、佛坪、宁陕、平利、丹凤
甘肃	兰州

59. 绞股蓝

省级行政区	分布区域
江苏	宜兴
浙江	杭州、临安
安徽	岳西、黄山、休宁、祁门、滁州、金寨、东至、广德
福建	将乐、云霄、漳浦、南平、连城
江西	九江、上犹、石城、吉安、遂川、安福、井冈山、上饶
山东	成武
河南	卢氏、桐柏、嵩县
湖北	十堰、罗田、黄梅、崇阳、通山、恩施、神农架
湖南	南岳、衡山、祁东、新邵、新宁、武冈、张家界、桃江、宜章、东安、江永、沅陵、新晃、芷江、洪江、凤凰、永顺
广东	广州、始兴、翁源、乳源、新丰、乐昌、深圳、信宜、怀集、博罗、和平、阳春、阳山、英德
广西	柳州、龙胜、蒙山、平南、桂平、容县、百色、贺州、南丹、凤山、环江、都安、金秀、扶绥、龙州、大新
海南	三亚、儋州、东方、保亭
重庆	南川、城口、奉节
四川	都江堰、盐边、峨边、峨眉山、洪雅、雅安、康定、泸定、九龙、甘洛
贵州	盘州、遵义、安顺、江口、印江、德江、松桃、兴仁、普安、望谟、册亨、大方、岑巩、榕江、雷山
云南	昆明、禄劝、景东、凤庆、镇康、屏边、金平、绿春、河口、砚山、西畴、麻栗坡、广南、西双版纳、大理、漾濞、宾川、鹤庆、福贡、贡山
西藏	墨脱、察隅
陕西	眉县、南郑、略阳、安康
甘肃	天水、文县
台湾	苗栗、南投、台东、花莲

中文名索引

拉丁学名索引

2023 年 7 月 22 日拍摄于伏牛山国家级自然保护区（嵩县段）龙池漫保护站，从左到右依次为：
赵志强、李雪盈、李倩、叶永忠、陈云、胡广灿。（拍摄人：许诺诺）

2023 年 8 月 4 日拍摄于伏牛山国家级自然保护区（嵩县段）杨山保护站，第一排从左到右依次为：
陈云、付前进、叶永忠、李雪盈、许诺诺。第二排从左到右依次为：王佳木、李子豪。（拍摄人：李倩）